高层建筑施工安全管理及 BIM 技术应用研究

张子龙　著

中国商务出版社
CHINA COMMERCE AND TRADE PRESS

图书在版编目（CIP）数据

高层建筑施工安全管理及BIM技术应用研究 / 张子龙著 . — 北京：中国商务出版社，2020.7

ISBN 978-7-5103-3423-8

Ⅰ . ①高… Ⅱ . ①张… Ⅲ . ①高层建筑－建筑施工－安全管理 Ⅳ . ①TU 974

中国版本图书馆CIP数据核字(2020)第115965号

高层建筑施工安全管理及BIM技术应用研究

GAOCENG JIANZHU SHIGONG ANQUAN GUANLI JI BIM JISHU YINGYONG YANJIU

张子龙　著

出　　版：中国商务出版社

地　　址：北京市东城区安定门外大街东后巷28号　　邮　编：100710

责任部门：数字出版部

责任编辑：汪　沁

总 发 行：中国商务出版社发行部（010-64266193　64515163）

网　　址：http://www.cctpress.com

邮　　箱：cctp@cctpress.com

排　　版：育林华夏

印　　刷：北京虎彩文化传播有限公司

开　　本：700毫米×1000毫米　1/16

印　　张：13.5　　字　数：235千字

版　　次：2020年7月第1版　　印　次：2020年7月第1次印刷

书　　号：ISBN 978-7-5103-3423-8

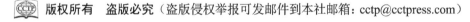

定　　价：88.00元

《高层建筑施工安全管理及BIM技术应用研究》

编　委　会

前　言

Preface

纵观历史，任何文明的起源和发展都与建筑息息相关，各式各样的建筑伫立在人类群落之中，以参与者的姿态承载着人类科学技术的进步和历史文明的传承。人类对于天空与高大事物也有种近乎本能的崇拜，基于这种崇拜，国内外也出现了大量的高大古建筑，如埃及的金字塔、墨西哥的玛雅人塔庙以及中国的嵩岳寺塔。但是由于人体体能有限，古建筑的高度一直受到很大的制约。然而随着城市化进程的推进以及钢筋混凝土技术、电梯技术的成熟，高层建筑得到蓬勃发展。

然而高层建筑的蓬勃发展也对施工现场的安全管理带来了巨大的考验。虽然随着我国安全管理水平的提高，建筑施工安全事故总数逐年下降，但较大及以上安全生产事故起数依旧较多，重大事故时有发生。特别值得注意的是：2010–2018 年建筑业共发生 3 起 10 人以上重大事故，全部发生在高层建筑施工过程。因此，如何切实有效地提升高层建筑项目安全管理水平的研究迫在眉睫。

在众多加强高层建筑施工安全管理水平的举措中，风险管理是日常安全管理最为核心的方法之一。早在 2016 年，国务院安委会办公室发布的《关于印发标本兼治遏制重特大事故工作指南的通知》（安委办〔2016〕3 号）就提出：要把安全风险管控挺在隐患前面，把隐患排查治理挺在事故前面，扎实构建事故应急救援最后一道防线。到 2018 年，要通过要构建形成点、线、面有机结合、无缝对接的安全风险分级管控和隐患排查治理双重预防性工作体系。此外，建筑业信息化是建筑行业的一项重要发展战略，也是建筑业转变发展方式、提质增效的必然要求，对建筑业绿色发展、提高人民生活品质具有重要意义。其中，建筑信息模型（BIM）技术作为国家建筑行业信息化发展的重要支撑，已成为当前国家、地方政府、相关部门、各级企业关注的焦点。住房和城乡建设部又相继发布了《关于推进建筑信息模型应用的指导意见》《建筑信息模型应用统一标准》《关于印发工程质量安全提升行动方案的通知》（建质〔2017〕57号），提出要推进信息化技术应用，加快推进建筑信息模型（BIM）技术在规划、勘察、设计、施工和运营维护全过程的集成应用。加强工程质量安全监管信息化建设，推行工程质量安全数字化监管。

为了落实国家重大决策部署的政策要求，切实提高高层建筑项目安全管理水平，本书深入调研分析了高层建筑施工安全风险管理现状，构建了高层建筑施工安全风险辨识、评估以及风险分级管控三大体系，并将风险管理研究结果与BIM模型相关联，开发基于BIM技术的高层建筑施工安全及应急管理系统。同时项目组依托广州金沙洲AB 3707023（商5）地块项目，开展了高层建筑施工安全及应急管理系统试点应用，提高了现场安全管理人员的工作效率，规范了安全管理人员工作流程，一定程度上提升了现场安全管理水平。

本书在编写过程中得到了广州市建轩资产管理有限公司、广州市第二建筑工程有限公司、广州珠江工程建设监理有限公司、东南大学建筑设计研究院相关领导与一线工作人员的大力支持，使得研究成果在具体工程中得以应用，特此感谢。

本书在编写过程中参阅了大量的有关资料，在此，谨对原作者表示最诚挚的谢意。

由于编者水平有限，书中疏漏和错误在所难免，敬请读者不吝赐教。

编　者

2020年7月

目 录

Contents

第 1 章　导论 ……………………………………………………………… 1

1.1　高层建筑兴起的缘由 …………………………………………………… 1

1.2　国内外高层建筑发展历程 ……………………………………………… 2

1.3　建筑施工风险管理概述 ………………………………………………… 5

1.4　我国建筑施工安全管理现状及发展趋势 ……………………………… 7

第 2 章　高层建筑施工风险辨识 ………………………………………… 12

2.1　高层建筑施工风险源 …………………………………………………… 12

2.2　高层建筑施工特点 ……………………………………………………… 15

2.3　高层建筑施工主要事故类型分析 ……………………………………… 16

2.4　风险辨识流程 …………………………………………………………… 18

2.5　高层建筑施工风险源辨识方法分析 …………………………………… 20

2.6　高层建筑施工安全风险分类分级辨识研究 …………………………… 27

2.7　高层建筑施工风险辨识结果 …………………………………………… 29

第 3 章　高层建筑施工风险评价体系研究 ……………………………… 31

3.1　高层建筑施工安全风险评价方法分析 ………………………………… 31

3.2　高层建筑施工安全风险评价模型构建 ………………………………… 33

第 4 章　高层建筑施工风险评价研究 …………………………………… 46

4.1　概况 ……………………………………………………………………… 46

4.2　成立评价小组 …………………………………………………………… 51

4.3　评估流程 ………………………………………………………………… 51

4.4　基于RIF法的高层建筑施工安全风险评估 …………………………… 52

4.5 评估结论 …… 59

第5章 高层建筑施工安全风险分级管控体系研究 …… 60

5.1 高层建筑施工风险分级管控总体要求 …… 60
5.2 各参建单位风险管控职责 …… 61
5.3 风险分级管控工作程序 …… 62

第6章 基于BIM技术高层建筑施工安全管理平台研究 …… 73

6.1 BIM技术在高层建筑施工安全管理中的必要性分析 …… 73
6.2 BIM理念及技术 …… 74
6.3 BIM技术优势及应用价值 …… 78
6.4 基于Revit软件的BIM模型构建 …… 83
6.5 基于BIM技术的高层建筑施工安全管理信息系统平台开发 …… 92

附表一 风险辨识清单（作业活动）…… 157

附表二 风险辨识清单（设备设施）…… 187

附录三 一级指标判断矩阵特征向量、一致性检验MATLAB编程语言 …… 198

附录四 灰类评估权重矩阵MATLAB编程语言 …… 199

附表五 风险评估清单 …… 201

参考文献 …… 207

第 1 章

导论

1.1 高层建筑兴起的缘由

纵观历史，任何文明的起源和发展都与建筑息息相关，各式各样的建筑伫立在人类群落之中，以参与者的姿态承载着人类科学技术的进步和历史文明的传承。人类对于天空与高大事物也有种近乎本能的崇拜。因此古代较为高大的建筑多出现在宗教建筑中。如埃及的金字塔和墨西哥的玛雅人塔庙及中国的嵩岳寺塔。古建筑虽然存在着几十甚至上百米的高层建筑，但是由于人体体能有限，攀登高度也一直受到限制。因此古建筑中的高层建筑不能实现有效利用。

近现代建筑的高度之所以能够出现突破性进展，源于 19 世纪末载客电梯的发明和使用，人体能攀登高度的限制得以解除，从而为高层建筑的问世提供了最基本的条件。然而高层建筑决不单纯是“高楼加电梯”，而是一系列全新科学技术的具体应用。除先进的结构体系及轻质、高强材料以外，其内部就更加复杂。诸如自动控制的一系列的消防、报警、通信、高速电梯、监测、管理等系统，它一分钟也离不开电脑，片刻也离不开电气化。因此，虽然高层建筑在 19 世纪末就已经出现，但高层建筑到 20 世纪中叶才得以快速发展。随着全球城市化的不断推进，越来越多的农村人口开始向城市涌入。人口高度集中，用地紧张，地价昂贵等因素推动着高层建筑发展，高层建筑成了文明进程中的必然产物。

1.2 国内外高层建筑发展历程

1.2.1 国外高层建筑发展历程

虽然古代建筑技术相对落后，但是人们一直没有停下追逐高大建筑的脚步，凭借着聪明才智不断刷新着古建筑的高度。意大利于公元1100-1109年建成了40余座塔楼中，其中最高的塔楼高达98米。法国12世纪建了高107米的沙特尔教堂塔楼，建于1337年的德国乌尔姆教堂高161米，成为当时世界第一高塔。1863年意大利建造的安托内利尖塔以164米的高度，成为迄今为止最高的砖石结构建筑。

而近现代高层建筑大致可以分为三个阶段，具体如下。

第一阶段（19世纪中叶以前）：在这段时期，由于当时缺乏垂直运输系统，所以高层建筑一直受到极大的限制，但是人类依然一直凭借着自己的发明创造及庞大的人力物力，刷新着建筑高度。

第二阶段（9世纪中叶到20世纪中叶）：在这阶段由于电梯的问世，解决了人类体能限制问题，以及钢铁制造技术取得突破，钢框架(骨架)结构体系建筑应用，高层建筑便不断涌现，从此迈入了高速发展的阶段。在这一阶段，高层建筑发展最为迅速的当推美国，而美国的高层建筑又以纽约和芝加哥这两座城市为代表。1883年，芝加哥建成第一个近代高层建筑——采用钢骨架的十层家庭保险大厦；19世纪末，美国纽约建成高达106米 的曼哈顿人寿保险大厦。此后，进入超高层建筑时代，超高层建筑的高度纪录也不断被刷新。20世纪初（1911-1913年），纽约建成的渥尔华斯大厦已达240米；1931年纽约帝国大厦拥有102层、高381米。这一时期，虽然高层建筑有了比较大的发展，但受到设计理论和建筑材料的限制，结构材料用量较多、自重较大，且仅限于框架结构，建于非抗震区。

第三阶段（20世纪60年代以后）：由于资本主义经济状况好转，特别是此时已发展出一系列先进的结构体系，所以高层建筑在这一时期出现了新高潮，到70年代中期已达到最高峰。19世纪60年代，美国已出现给排水系统、电气照明系统、蒸汽供热系统和蒸汽机通风系统。结合之前奥迪斯发明了现代电力电梯。解决了徒步可行的登高距离。贝尔发明了电话，解决了远距离通信的技术难题。由此制约高层建筑发展的体能限制、远距离通信、机电系统问题均得到了解决——标志着高层建筑建造技术基本完备，高层建筑迈入新的阶段。20

世纪 80 年代，钢结构高层建筑的发展速度明显减缓，钢筋混凝土结构和混合结构逐渐取代钢结构建筑。特别是超高层一般采用巨型混合结构，即巨型型钢混凝土柱、钢管混凝土柱、巨型伸臂桁架、带钢支撑的巨型外筒、型钢或带斜撑混凝土内筒、钢板混凝土剪力墙等的有效组合。此外，该阶段的设计理念也开始寻求创新，开始进行尝试突破传统建筑形式，追求建筑简洁实用、抗震性高。例如 1976 年建成的波士顿汉考克大厦(60 层，高 240.7 米)建筑体形为简洁的长方体，是现代超高层建筑的晚期代表。日本在地震区建造了 45 幢 100 米以上的高层建筑，其中东京池岱阳光大楼已达 60 层、高 226 米。

2018 年全球高楼大厦和城市人居委会（CTBUH）高层建筑年度会议和高层数据统计报告显示：2017 年，全球共有 147 座 200 米及以上高层建筑完工，创下了史上最高纪录后。2018 年虽然 200 米以上高层建筑数量减少四座，但是“摩天大楼”（高度超过 300 米的建筑）18 座，为有史以来的最高数字。

1.2.2 国内高层建筑发展

我国古代高塔建筑闻名于世，从东汉到清末共建了数万座木结构、砖结构、石结构、木石混合结构的宝塔，现存约 25000 座。中国现存最高佛塔为北宋开元寺塔 (建于公元 1011 年)，塔刹尖部高 85.6 米。钢结构高层建筑在我国几乎未有较大发展，直到近现代钢筋混凝土时期，我国高层建筑又得以高速发展。而近现代高层建筑又以中华人民共和国成立为分界线，分为两个阶段。1949 年前，中国的高层建筑主要集中于上海，近代上海高层建筑的发展是近代中国高层建筑发展的代表。这一时期上海高层建筑是以“国际化”为特征。上海第一栋高层建筑是 1912 年华光啤酒厂高 45 米的厂房，但资料记述上海最早用于商业办公的高层建筑是 1913 年筹备建造的亚细亚大楼和有利大楼。亚细亚大楼地处上海外滩 1 号，时人称为“外滩第一楼”。至 1937 年 8 月 13 日爆发淞沪会战，全国的高层建筑营造随即进入休眠期。1948 年中华人民共和国成立前夕，10 年的时间里，上海仅建造了 3 栋高层住宅和 1 栋高层综合楼。

而中华人民共和国成立后高层建筑主要分为三个阶段：

起步阶段（中华人民共和国成立到 20 世纪 60 年代末期）：这个阶段的建筑主要是在 20 层楼以下，建筑的结构主要是框架形式。自 20 世纪 50 年代初开始设计、建造高层建筑。

兴盛阶段（20 世纪 70 年代初到 20 世纪 80 年代末）：随着经济的发展和工业化进程的加快，人口向城市的集中。用地紧张，地价上涨等因素使建筑物不得不向高层发展。20 世纪 70—80 年代。1974 年北京建成了 20 层、高 87.4 米的北京饭店，1976年建成的广州白云宾馆33层，是国内首栋百米高层建筑。80年代，我国高层建筑发展进入兴盛时期，1980-1983年3年的时间就建成了自1949年以来30多年中所有高层建筑的总和。10年间，中国大陆建成的10层以上的高层建筑面积约4000万平方米，高度100米以上的共有12幢。

飞跃阶段（从20世纪90年代初至今）：我国高层建筑进入飞跃发展的阶段。1990-1994年初期，每年建成的超过10层的、建筑面积在1000万平方米以上，占到了高层建筑的40%。超高层建筑发展更加快速，建成了许多超过200米的建筑。

我国改革开放后，北京、上海等城市陆续开始建设高层建筑，进入21世纪以来，我国各地纷纷开始建设高层建筑，掀起高层建筑高潮。虽然，我国高层建筑起步较晚，但发展非常迅速，目前我国已成为世界高层建造大国。据统计，中国已经连续10年成为世界已建、新增超高层建筑（>200米）最多的国家。大约全世界48%的已建超高层建筑都集中在中国，超高层建筑已经成为中国经济腾飞的有力佐证。根据全球高楼大厦和城市人居委员会（CTBUH）2018年12月12日公布的数据，中国共有88座城市建造200米以上的摩天大楼，其中200米以上的高楼共有895座，300米以上的高楼有94座、400米以上的高楼12座、500米以上的高楼6座，600米以上的高楼目前就只有上海的上海中心这一座高楼。表1-1是中国200米以上高层建筑排行榜数据。

表1-1　我国200米以上高层建筑排行榜

序号	城市	200+	300+	400+	500+	600+	合计	当地第一高楼	高度（米）
1	深圳	98	13	1	1		113	平安金融中心	592.5
2	香港	79	5	2			86	环球贸易广场	484
3	上海	55	2	2		1	60	上海中心	632
4	重庆	47	5				52	重庆来福士广场	354
5	广州	38	8	1	1		48	东塔周大福	530
6	武汉	43	3	1			47	武汉中心	438
7	沈阳	37	5				42	恒隆市府广场西塔	350.8
8	天津	31	4		2		37	高银117大厦	597

续表

序号	城市	200+	300+	400+	500+	600+	合计	当地第一高楼	高度（米）
9	长沙	31	3	1			35	九龙仓国际金融中心	452
10	南京	24	6	1			31	绿地紫峰大厦	450

1.3　建筑施工风险管理概述

1.3.1　国外风险管理发展历程

风险管理最早起源于 1901 年出版的《风险与保险的经济理论》一书，由此学者们开始研究风险问题。1921 年美国学者奈特出版了《风险、不确定性与利润》，此著作对风险理论进行了研究。1960 年美国保险协会（ASIM）与亚普沙大学合作，创办了风险管理课程。20 世纪 70 年，美国风险管理课程及著作逐步增多，多数的工商学院都开设了风险管理课程，宾夕法尼亚大学还举办了风险管理资格考试。1975 年美国保险管理协会（ASIM）更名为风险与保险管理协会（RIMS），这标志着风险管理的发展逐步走向成熟。

20 世纪 80 年代以来，风险管理的研究和理论发展飞快。1983 年，来自世界各国学者风险管理年会上进行了深入讨论，通过了“风险管理 101 准则”，此准则成为风险管理的通用原则。Chapman C.B. 教授在 1987 年提出了“风险工程”的定义，并提出对各种管理方法及分析技术予以集成才能算是一种更为有效的风险管理。该模型框架弥补了使用单一过程风险技术的不足之处，这样就能把风险分析研究的成果应用到大规模领域中。为了推动风险管理理论在发展中国家的推广和应用，1987 年联合国出版了关于风险管理的研究报告（The Promotion of Risk Management in Developing Countries）；1992 年，美国风险管理协会颁布了“项目风险管理指导书”，对风险管理有关术语和方法进行了界定和标准化，其成果为世界多数国家所采用和推广；2000 年 4 月美国国家航空航天局（NASA）颁布了《风险管理规程和指南》文件，更详细的阐述了风险管理的基本过程及风险管理计划制定和实施的基本要求；2004 年 COSO 出台，风险管理进入全面风险管理阶段，传统风险管理技术在进一步改进，并不断提高，从此，新的风险管理技术也开始应用到各个不同领域。

建设项目风险管理作为一门新兴的管理学科，它是在现代工程技术的基础上，结合现代建设项目实际，综合控制论、信息论、结构系统可靠性原理、概率统计、管理学等多学科，逐步形成的边缘学科。它是项目管理的一个重要分支，理论起源于西方国家1970年左右开始的一些大型能源工程项目。从20世纪80年代中期开始，各种类型的建设项目陆续应用该学科的理论进行项目管理，并对建设项目风险管理的应用领域理论予以完善、修改，以便适应具体的情况。如今许多项目管理组织把建设项目风险管理编到正式的项目管理指南之中去，建设项目风险管理已成为项目管理的重要知识体系系统。

如今世界上许多大型土木工程的建设项目都无一例外地应用了风险管理，例如新加坡、英国伦敦、美国华盛顿等大型地铁项目均引入了风险管理理论和技术，这样就保证了项目的成功实施。国外一些学者在对建设项目风险管理方法和理论进行研究的同时，还在研究风险管理过程中取得了比较丰硕的研究成果。

1.3.2 国内风险管理发展历程

我国风险管理的研究较晚，大约于20世纪80年代，有部分学者将风险管理与安全系统理论引入中国，其中以清华大学郭仲伟教授出版的《风险分析与决策》影响最为深远，至今仍有巨大的参考价值。而学者最初研究的重点多集中于金融风险及企业经济风险，对于建筑施工的风险管理研究相对较少。20世纪初，国内学者逐步开始对于安全风险进行理论研究，且大多集中于风险过程管理的研究（风险因素的识别及安全评价）。2004年，刘铮等人研究了基于虚拟现实技术的施工安全危险源辨识库的构建。为基于虚拟现实技术的施工方案提供危险源识别、事前控制和动态安全管理方面的支持。2009年，周红波等人提出以故障树分析为基础，结合工作分解结构－风险分解结构（WBS-RBS）进行风险识别的方法，并在此基础上，对风险因素进行了敏感性分析并提出相应的预防措施。2010年，丁科等人通过多项工程案例的统计分析，找出了塔式起重机的事故原因，建立了其施工的风险分类并对各类风险进行了特征描述和危险性分析，最后用鱼刺图对导致塔式起重机事故发生的各种风险因素进行归纳分析。2012年，胡静静从建筑工程安全事故的类型和人—物—环境组成的系统考虑，对建筑施工现场的主要风险源进行识别，建立了建筑工程安全风险管理评价指标体系。2015年，赵冬伟在对建筑施工各分部分项过程进行充分风险辨识的基础上，构建基于模糊可拓层次分析法和PCA-ELM法构建建筑工程施工安全风险评价模型。同时，基于 Visual Studio 2010 和 SQL Server 2008 平台，采用 C# 语言进行编程，开发出建筑工程施工安全风险评价软件，为高效地进行安全风险评价提供了便利。2018 年，李恒全在传统风险评价的基础上，引入系统动力学，通过建模模拟仿真技术确认风险影响因素关系，探索建筑工程项目安全风险动态管理。

虽然，我国学者对于安全风险管理理论具有较为深入的研究，但是在实际项目的安全管理中，理论的应用并不广泛，目前多靠安全管理人员的经验分析，很少将风险的识别、风险的评估、风险应对与监控整套风险管理应用到项目安全管理中。此外，我国建筑施工企业的安全风险组织不健全，未形成系统的安全风险管理体系，风险管理意识有待提高。

在长期安全生产实践过程中，我国学者和一线安全管理人员通过理论研究和实践应用等方式，不断完善我国安全管理理念、方法，增强安全管理水平，最终使我国安全事故总数逐步下降。然而，虽然总体事故总数一直在稳步下降，但是重特大事故依旧频发。针对以上情况，习近平总书记多次指出，对易发生重特大事故的行业领域，要将安全风险逐一建档入账，采取安全风险分级管控、隐患排查治理双重预防性工作机制，把新情况和想不到的问题都想到。2016 年，国务院安委办印发的《标本兼治遏制重特大事故工作指南》《实施遏制重特大事故工作指南构建双重预防机制的意见》及中共中央国务院印发的《关于推进安全生产领域改革发展的意见》都强调要将安全生产的关口前移，从隐患排查治理前移到安全风险管控。要强化风险意识，分析事故发生的全链条，抓住关键环节采取预防措施，防范安全风险管控不到位变成事故隐患、隐患未及时被发现和治理演变成事故。自此，住建部及建筑施工企业通过双重预防机制的构建将安全风险管理逐步应用于日常管理过程。

1.4 我国建筑施工安全管理现状及发展趋势

1.4.1 建筑施工安全管理现状分析

高层建筑的蓬勃发展也对施工现场的安全管理带来了巨大的考验。笔者通过对近年来高层建筑施工过程中安全事故统计分析（图 1-1）发现：2010 年至 2018 年，我国建筑施工事故数量、死亡人数未见明显下降趋势、绝对数量依旧较大，安全形势依旧不容乐观。

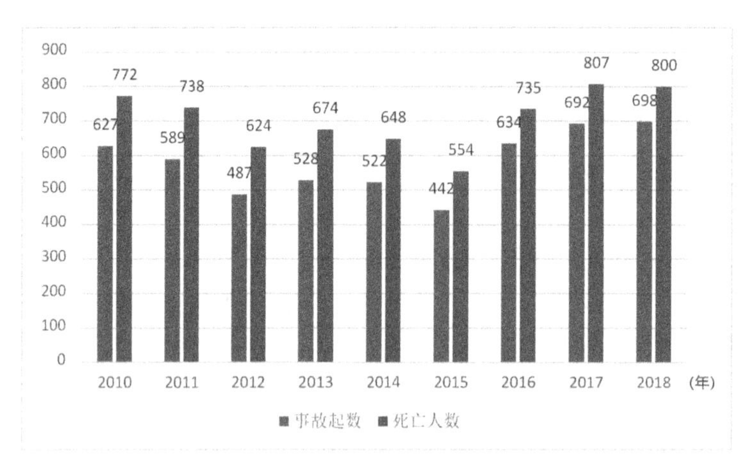

图 1-1　历年建筑业事故起数与死亡人数

自十二五以来，党中央、国务院一直着力解决当前安全生产领域存在的薄弱环节和突出问题，强化安全风险管控和隐患排查治理，坚决遏制重特大事故频发势头。课题组统计建筑业每年较大及以上安全事故（图 1-2）发现：较大及以上安全生产事故起数基本稳定，较大及以上安全生产事故导致的人员死亡数整体呈现缓慢下降的趋势。这说明多年来党中央遏制建筑行业的重特大事故效果显著。然而，当我们进一步梳理、分析发现：2010-2018 年，建筑业共发生 232 起较大及以上事故，造成 932 人死亡，而高层建筑施工发生较大及以上事故 99 起，造成 395 人死亡，事故起数与死亡人数分别占建筑施工的 42.7%、42.8%。特别值得注意的是：2010-2018 年建筑业共发生 3 起 10 人以上重大事故，全部发生在高层建筑施工过程。

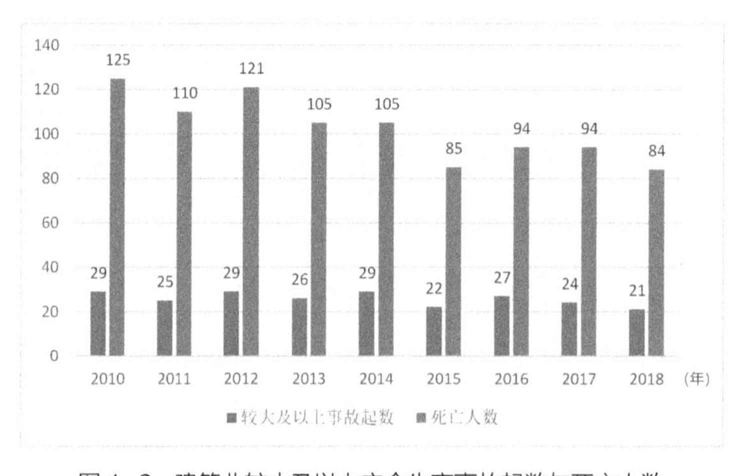

图 1-2　建筑业较大及以上安全生产事故起数与死亡人数

1. 高层建筑施工特点

国内高层建筑的安全形势之所以如此严峻，主要在于高层建筑施工特点和相对落后的安全管理水平。与一般中低层建筑相比，高层建筑不仅是高度上的简单增加，而是从结构形式、施工内容和施工方法等方面均发生较大变化，这种变化对施工技术、施工工艺、施工管理与协调等均提出了更高的要求。高层建筑除了具有一般中低层建筑施工的特点外，还具有以下主要的施工特点：

（1）施工技术复杂，施工难度大。高层建筑层高的增加和结构形式的复杂，使得传统的施工工艺和施工技术难以满足实际施工需要，由此催生了许多新技术和新工艺的出现，如超高泵送混凝土技术等。在高层建筑施工过程中，深基坑的支护及降排水、超高混凝土的泵送和浇筑、高层建筑的测量和放线、高楼层外装修施工、垂直运输设备的安装拆卸及高层模板体系的支模与拆模等的施工内容均具有较高的复杂性和危险性，极大地增加了高层建筑的施工难度。

（2）高空作业多，垂直运输作业量大。高层建筑最直观的特点之一为高度高。因此，高层建筑施工中存在大量的高空作业。高处施工所需要的人员和材料等均依赖于现场的垂直运输。因此高层建筑施工的垂直运输作业量较大，对垂直运输设备的高度、运输量、安全性和可靠性等要求较高。高层建筑施工过程中需要做好各项安全防护工作，尤其要避免高空落物和高处坠落等事故的发生。

（3）工程量较大，交叉作业多。我国高层建筑项目通常具有体量大的特点，此外，与一般中低层建筑相比，高层建筑的标准层更多，工程量更大。高层建筑施工中存在大量的平行流水和立体交叉作业，施工现场需要解决多工种和多工序的交叉配合问题，避免交叉作业引起的质量或安全问题，确保有节奏地进行。

（4）施工周期长，不确定性因素多。我国高层建筑的施工项目除了高度高以外，通常还具有体量大和工期长等特点，部分项目甚至需要耗时几年才能最终完成。因此高层建筑项目通常要跨季节施工，必要时还需要赶工。由于冬季、夏季和雨季施工均有不同的施工特点和施工要求，出现赶工需要时还需要组织夜间施工，施工难度大大增加。在施工周期内，人员变动等人为因素和气候变化等自然因素层出不穷，使得施工周期内不确定性因素增加。

2. 高层建筑施工安全问题

高层建筑独特的施工特点和较高的施工难度，将引发一系列的施工安全问题：

（1）施工难度大，对工人技术水平要求高。高层建筑施工难度的增加，不仅对施工机械化程度要求高，对工人的技术和操作水平也提出了更高的要求，但是由于目前我国建筑市场中，工人的操作水平和专业素养普遍不高，施工要求和工人实际水平的差距使得工人施工极具危险性。

（2）基坑开挖深度大，危险系数高。高层建筑通常会有较大空间的地下车库或较深的地下室等地下空间。因此施工中基坑的开挖深度较大。深基坑开挖的支护工作是高层建筑施工的难点之一，支护不当会引发坍塌或坑边落物打击等事故。因此高层建筑基坑工作的危险系数较高。

（3）施工作业面高度高，受环境扰动大。高层建筑施工中不可避免的存在大量的高空作业，而随着施工作业面高度的增加，天气等环境的扰动会增大，由此引发安全事故。如山东省青岛市“4·2”塔吊上部坠落事故，事故的直接原因之一是拆除作业时天气条件不佳，塔吊高度100米处风力较大，超过规范限制的最大风力。

（4）机械设备养护管理工作量大，安全隐患多。高层建筑施工中垂直运输工作量大。因此施工现场需要大量的起重机械和其他多种机械设备。由于机械设备工作量大和施工周期长等特点，机械设备的日常管理和养护成为高层建筑施工的关键工作之一。如果机械设备管理不当、养护不及时或安全隐患排查不力，都会极大地增加机械设备的危险性，甚至威胁施工现场安全。

（5）施工交叉作业多，协调复杂。如前文高层建筑施工特点所述，高层建筑施工过程中存在大量的交叉作业，工人、机具和设备的协调工作量增多，协调难度增加。任何协调工作不得当都有可能引发冲突，甚至引发安全事故。因此要求施工安全管理人员做好现场协调，以避免冲突发生。

1.4.2 高层建筑施工安全管理发展趋势

高层建筑面临的一系列安全问题大大增加了其安全管理、事故预防难度，提高了事故发生的概率。然而，部分施工单位并未针对不断变化的施工环境创新安全管理模式、引进安全管理新方法，浮于表面的风险管理、混乱的流程管理等都是导致我国高层建筑施工安全事故频发的主要原因。因此，如何切实有效地提升高层建筑项目安全管理水平的研究迫在眉睫。

在众多加强高层建筑施工安全管理水平的举措中，风险管理是日常安全管理最为核心的方法之一。早在2016年，国务院安委会办公室发布的《关于印发标本兼治遏制重特大事故工作指南的通知》（安委办〔2016〕3号）就提出：要把安全风险管控挺在隐患前面，把隐患排查治理挺在事故前面，扎实构建事故应急救援最后一道防线。到2018年，要通过要构建形成点、线、面有机结合、无缝对接的安全风险分级管控和隐患排查治理双重预防性工作体系。在着力构建安全风险分级管控和隐患排查治理双重预防性工作机制方面，要健全安全风险评估分级和事故隐患排查分级标准体系、全面排查评定安全风险和事故隐患等级、建立实行安全风险分级管控机制及实施事故隐患排查治理闭环管理。因此，对于风险管理的研究不仅是现场安全管理的现实需求，更是落实国家重大决策部署的政策要求。

建筑业信息化是建筑行业的一项重要发展战略，也是建筑业转变发展方式、提质增效的必然要求，对建筑业绿色发展、提高人民生活品质具有重要意义。其中，BIM技术作为国家建筑行业信息化发展的重要支撑，已成为当前国家、地方政府、相关部门、各级企业关注的焦点。2014年7月，住房和城乡建设部颁发了《关于建筑业发展和改革的若干意见》，提出推动BIM等新兴信息技术在工程建设管理全生命周期中的应用，提高工程建设的综合效益。随后，住房和城乡建设部又相继发布了《关于推进建筑信息模型应用的指导意见》及《建筑信息模型应用统一标准》，进一步针对BIM技术的应用提出了具体目标和基本要求。同时，2016年住建部发布的《2016-2020年建筑业信息化发展纲要》中明确指出，全面提高建筑业信息化水平，着力增强BIM、大数据、智能化、移动通信、云计算、物联网等信息技术集成应用能力，建筑业数字化、网络化、智能化取得突破性进展，初步建成一体化行业监管和服务平台，数据资源利用水平和信息服务能力明显提升，形成一批具有较强信息技术创新能力和信息化应用达到国际先进水平的建筑企业及具有关键自主知识产权的建筑业信息技术企业。2017年3月3日，住建部正式发布了《关于印发工程质量安全提升行动方案的通知》（建质〔2017〕57号），提出要推进信息化技术应用，加快推进建筑信息模型（BIM）技术在规划、勘察、设计、施工和运营维护全过程的集成应用。加强工程质量安全监管信息化建设，推行工程质量安全数字化监管。由此可见，运用BIM技术开展高层建筑施工安全管理是一项势在必行的选择。

第2章

高层建筑施工风险辨识

为指导高层建筑施工安全风险辨识工作，有效控制建筑施工期间安全风险，减少生产安全事故的发生，保障建筑施工安全，课题组开展高层建筑施工风险辨识研究。由于高层建筑施工交叉作业、参建单位多，协调工作量大等特点。因此，要对高层建筑施工过程进行风险辨识，首先应根据高层建筑施工特点选用特定的风险辨识方法，系统、全面的辨识高层建筑施工致险因素。本章根据高层建筑施工特点，通过对常用风险辨识方法的分析、梳理，构建高层建筑风险辨识体系；以金沙洲AB3707023项目为依托，在现场调研、现有经验和相关资料的基础上，运用构建的风险辨识体系，完成高层建筑施工安全风险辨识过程，编制高层建筑施工风险辨识清单。

2.1 高层建筑施工风险源

2.1.1 高层建筑施工风险源特征

风险源的实质就是潜在危险的源头或部位，是可能造成人身伤害和健康问题、作业条件破坏等或这些情况组合形成的根源或状态。在建筑施工中风险源主要是指在建筑施工过程中，可能会导致人员伤亡、财产损失及环境破坏的潜在不安全因素。

通过相关资料的查阅，以及现场的观察，总结出高层建筑施工风险源具有如下特征：

1. 施工风险源具有隐蔽性

风险源的隐蔽性包括两个方面：一是风险源存在贯穿整个施工过程，是依附在施工过程中的潜在风险源，所以，风险源的存在不容易被发现，具有显著的隐蔽性。二是虽然在施工过程中风险源有明显的暴露，但是并未对人员和物体造成伤害，所以这部分风险源容易被忽略，事实上，这也是造成安全事故的一个重要方面。

2. 施工风险源具有不可预见性

施工风险源隐藏在施工过程中，在不可预见或预警时间较短的情况下发生安全事故，具有突发性和随机性。

3. 施工风险源变化多样性

建筑施工过程是一个经历时间较长，涉及范围较广的一种活动，使得施工风险源的变化具有多样性，施工过程中的风险源发生的规律难以掌控和预测，最终导致安全事故的发生。

4. 施工风险源造成的安全事故具有连锁性

施工过程中涉及的物理和化学物质较多，当安全事故发生时，这些物理化学物质会连带非施工区域发生安全事故或污染。所以一旦安全事故发生后，立刻建立应急指挥系统和事故当事人之间的协调关系很难做到，短时间内组织急救人员、救援物资也很难办到，应急处置中产生不当行为难以控制，所以极有可能会导致连锁事故产生，并连带诱发其他现场风险源的产生。

2.1.2 高层建筑施工风险源分类

根据风险源在安全事故运动发展中的作用，可以把风险源划分为两个大类：即第一类风险源和第二类风险源。第一类风险源指的是系统固有的、可能发生意外释放的能量或危险物质。在特定条件下，能量的释放会导致人员的伤亡、财产损失，施工过程中可能释放的能量包括电能、势能、热能、机械能、位能及重力能。施工过程中可能导致安全事故的危险物质包括物理和化学物品，比如化学有毒物质、爆炸物质、腐蚀性物质、放射性物质等。第一类风险源是危险性产生最根本的源头，风险源包含的能量越多、危险物质越多，造成的危害越大。因此，要从根本上解决这个问题，就要着手控制风险源中的能量和危险物质，以此来预防安全事故的产生。高层建筑施工过程中第一类风险源主要有如下几类，具体如表 2-1 所示。

表 2-1　高层建筑施工第一类风险源

事故类型	能量源	能量载体
物体打击	产生物体落下、抛出、破裂、飞散的设备、场所、操作	落下、抛出、破裂、飞散的物体
车辆伤害	车辆，使车辆移动的牵引设备、坡道	运动的车辆
机械伤害	机械的驱动装置	机械的运动部分、人体
起重伤害	起重、提升机械	被吊起的重物
触电	电源装置	带电体、高跨步电压区域
火灾	可燃物	火焰、烟气
高处坠落	高差大的场所、人员借以升降的设备、装置	人体
坍塌	土石方工程的边坡、料堆、料仓、建筑物、构筑物	边坡土(岩)体、物料、建筑物、构筑物、载荷

在安全生产活动中，为了使能量能按照人们想要的意图和方向进行转换和转移，我们需要采取一系列的能量控制措施对其进行约束和控制。但这种控制措施也可能会在多种因素的复杂作用下而失去作用，我们把导致约束和控制能量转化、转移的控制措施失去作用的危险因素统称为第二类风险源。第二类风险源的产生主要包括三种：一是工作人员的不安全行为，进行建筑活动的人员都有其规范的标准，一旦工作人员的行为由于疏忽或其他原因偏离了设定的标准，就有可能导致事故的发生；二是物的不安全行为，物的不安全行为指的是在进行建筑活动过程中，机械设备或装置由于发生故障(由于生产厂商的设计或制造不当，也可能磨损、腐蚀、老化等)而未能按要求完成预定的功能；三是环境遭到破坏，人和物都存在于环境中，当温度升高、湿度增大、噪声较大、振动增强等原因都会造成的人员或物的不安全行为。

第一类风险源是造成安全事故的根源，决定事故产生的严重程度，第二类风险源是导致安全事故产生的必要条件，决定了发生安全事故的可能性，第一类风险源是第二类风险源发生的前提，而第二类风险源为第一类风险源的出现提供了条件。安全事故发生是两类风险源共同作用的结果，两者相辅相成，密不可分。

2.2 高层建筑施工特点

高层建筑的施工并不是简单多层建筑的叠加，而且从功能和设计上，对高层建筑都有新的要求，高层建筑较一般的多层建筑具有以下特点：

1. 施工层数高，工期长

目前国内新建的高层建筑一般都是20层以上，有的多达几十层，虽然其除了底层及顶层外，其他楼层都采用标准层，但是高层建筑从开始可行性研究到项目正式动工直到项目完成，其间都要经历很长的时间，这些都为高层建筑的安全管理造成了困难。

2. 高层建筑技术难度高，工程量大

高层建筑施工技术难度大，由于高层建筑的特点，其一般采用深基础，结构一般采用预制或现浇的钢筋混凝土结构，施工难度大，技术要求高，所用材料多，工程量很大。

3. 建筑材料消耗量大，现场机械设备多

高层建筑由于工期长，施工量大，材料的需求量也较多，而由于高层建筑的层数高，施工工艺复杂，对现场机械设备的要求也较高。现场机械设备一般所需种类多，精度要求高，技术复杂，这些都为高层建筑的施工带来一定的难度。

4. 高层作业量大，垂直作业量多

高层建筑高度高，一般高度都是40米以上，有的高达几百米，高空作业工程量大，这是高层建筑区别于多层建筑的另一个最显著的特点，高层建筑在建筑中，上下的垂直运输量成倍增加，受高空气候的影响(如，风力、雨雾等)，高空作业危险因素高，对施工人员的身体和心理素质要求高。这些都为高层建筑安全控制带来了难度。

5. 高层建筑基础开挖深，地基要求高

高层建筑对地基要求都很高，一般都有地下停车场及地下室，对地下水的处理要求比较高，技术要求复杂，这是高层建筑区别于其他建筑的又一特点。

2.3 高层建筑施工主要事故类型分析

高层建筑施工作业是一项繁杂的人、机系统，其组成部分包括施工作业人员、物、环境和管理四个方面，由于高层建筑施工层数高、工期长、技术难度高、工程量大、现场机械设备多、垂直作业量多、基础开挖深等主要特点，决定了施工风险点主要集中于基础施工及主体施工两个阶段。通过对 2011－2018 年住建部发布的事故情况通报地分析，统计结果显示：建筑行业的安全事故类型主要有以下六种，分别为高处坠落、物体打击、坍塌、机械伤害、起重伤害和触电，这六种事故类型因为其较大的危害程度，统称为建筑行业的“六大伤害”。

2.3.1 高处坠落事故

根据我国《建筑施工高处作业安全技术规范》（JGJ80－2016）中定义的凡在坠落高度基准面 2 米以上(含)存在坠落可能的作业称为高处作业。在建筑施工中因高处作业而导致的坠落事故即称为高处坠落事故。在高层建筑施工过程当中，由于高处作业较多、多种施工队伍交叉作业频繁，且现场作业环境差、临时设施多样。因此，施工作业现场安全风险的多样加之现场施工管理的不到位大大增加了该类事故发生的可能性。高空坠落事故由于发生机率较大，容易造成严重的人身伤害和财产损失，被列为高层建筑事故伤害中的第一大伤害，危险性极大。

高处坠落事故最容易发生在以下四类：脚手架坠落、作业平台坠落、临边洞口坠落、设备作业高处坠落。其中，脚手架坠落在高处坠落类型事故中最为常见，同时也是最容易造成人身伤害的一种伤害形式。临边洞口坠落是由于临边及洞口防护不到位，施工现场安全管理人员监管不及时，作业人员疏忽大意、违章作业造成的。设备作业高处坠落是指对施工用塔吊、电梯、吊篮等设备安装、拆卸过程当中发生的高处坠落事故。

2.3.2 物体打击事故

物体打击事故指的是作业过程中的物料、工器具、机械部件等物品在高处坠落及崩块、碎石、棍木等对人身造成的损伤，不包含由爆炸导致的物理打击。由于施工现场管理混乱，作业人员工作散漫，不按规定佩戴劳保用具，相关作业完成后不能做到工完料清，极易发生因物料及工具坠落导致的物体打击事故。

物体打击事故作为建筑业五大伤害之一，也是建筑施工安全生产预防中的要点。

2.3.3 坍塌事故

坍塌是指物体在外力作用下，超过自身的极限强度造成破坏，结构稳定失稳塌落造成物体从高处坠落形成物体打击、挤压伤害及窒息的事故。主要类型有：基坑坍塌、模板坍塌、脚手架坍塌、拆除工程的坍塌、建筑物及构筑物的坍塌事故等。其中基坑坍塌和模板坍塌事故总数占了坍塌事故总数的80%以上。

2.3.4 机械伤害

机械性伤害主要指机械设备运动部件、工具、加工件直接与人体接触引起的夹击、碰撞、剪切、卷入、绞、碾、割、刺等形式的伤害。该伤害主要发生在如下场景：机械转动部分的绞入、碾压和拖带伤害；机械工作部分的钻、刨、削、锯、击、撞、挤、砸、轧等的伤害；滑入、误入机械容器和运转部分的伤害；机械部件的飞出伤害；机械失稳和倾翻事故的伤害；其他因机械安全保护设施欠缺、失灵和违章操作所引起的伤害。

2.3.5 起重伤害

起重伤害事故是指在进行各种起重作业（包括吊运、安装、检修、试验）中发生的重物（包括吊具、吊重或吊臂）坠落、夹挤、物体打击、起重机倾翻、触电等事故。适用于统计各种起重作业引起的伤害。起重作业包括：桥式起重机、龙门起重机、门座起重机、塔式起重机、悬臂起重机、桅杆起重机、铁路起重机、汽车吊、电动葫芦、千斤顶等作业。如：起重作业时，脱钩砸人，钢丝绳断裂抽人，移动吊物撞人，钢丝绳刮人，滑车碰人等伤害；包括起重设备在使用和安装过程中的倾翻事故及提升设备过卷、蹲罐等事故。

2.3.6 触电事故

触电事故是指人因为触电而发生的伤亡事故。人体是导体，当人体接触到具有不同电位两点时，由于电位差的作用，就会在体内形成电流电，这种现象就是触电。主要发生在如下场景：起重机械臂杆或其他导电物体搭碰高压线事故伤害；带电电线断头、破口的触电伤害；电动设备漏电伤害；雷击伤害；拖带电线机具电线绞断、破皮伤害；电闸箱、控制箱漏电和误触伤害；强力自然因素致断电线伤害。

2.4 风险辨识流程

风险源识别就是安全管理人员与相关工作人员在对风险源进行识别的过程，在这一过程中可以清楚地了解到风险源的特性。风险源辨别的主要目的就是不断找寻与工作开展相关的风险源，明确这些风险源可能造成的不良影响，是否会对工作人员生命安全造成威胁、是否会导致设备发生损坏，从而采取有效的治理措施，有针对性的、有目的性的对风险源进行防范，保证安全管理工作开展取得良好成效。风险辨识的基本程序包括：成立风险辨识小组，开展风险调查，进行风险分析，具体流程见图 2-1。

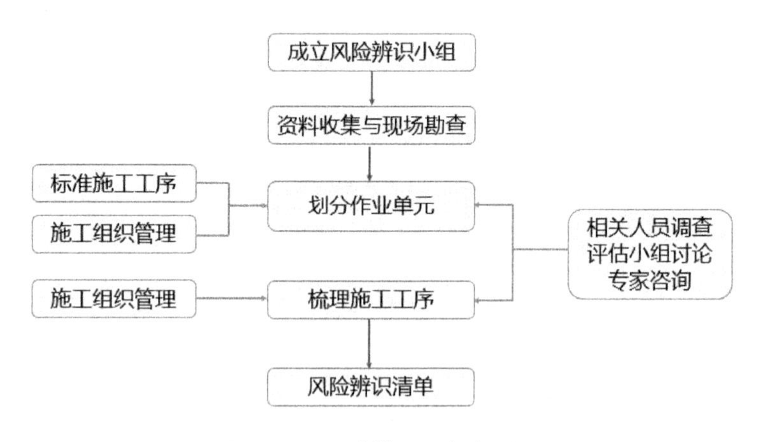

图 2-1 风险辨识程序流程图

2.4.1 风险源的调查

在进行风险源调查之前首先确定所要分析的系统，例如，明确是对整个高层建筑施工现场还是基坑进行风险评估。然后对所分析系统进行调查，调查的主要内容有：

（1）施工工艺及构件性能：以脚手架搭设为例，了解脚手架搭设工艺，安全网、扣件、杆件所使用构件的材料性能等。

（2）作业环境情况：安全通道情况，材料、土方堆放区域等。

（3）操作情况：操作过程中的危险，工人接触危险的频度等。

（4）事故情况：过去事故及危害状况，事故处理应急方法，故障处理措施。

（5）安全防护：临边、洞口有无安全防护措施，有无安全警示标志等。

2.4.2 危险区域的界定

首先应对系统进行划分，可按设备、生产装置及设施划分子系统，也可按作业单元划分子系统。然后分析每个子系统中所存在的风险源点，一般将产生能量或具有能量、物质、操作人员作业空间、产生聚集危险物质的设备、容器作为风险源点。

然后以风险源点为核心加上防护范围即为危险区域，这个危险区域就是风险源的区域。在确定风险源区域时，可按以下方法界定：

（1）按风险源是固定还是移动界定。如运输车辆为移动式，其危险区域应随设备的移动空间而定。而锅炉、拌合站等则是固定源，其区域范围也固定。

（2）按风险源是点源还是线源界定。一般线源引起的危害范围较点源的大。

（3）按危险作业场所来划定风险源的区域。如有发生爆炸、火灾危险的场所，有被车辆伤害危险的场所，有触电危险的场所，有高处坠落危险的场所等。

（4）按危险设备所处位置作为风险源的区域。如锅炉房、塔吊等。

（5）按能量形式界定风险源。如化学风险源、电气风险源、机械风险源、辐射风险源和其他风险源等。

2.4.3 存在条件及触发因素的分析

一定数量的危险物质或一定强度的能量，由于存在条件不同，所显现的危险性也不同，被触发转换为事故的可能性大小也不同。因此存在条件及触发因素的分析是风险源辨识的重要环节。存在条件分析包括：储存条件（如堆放方式、其他物品情况、通风等），物理状态参数（如温度、压力等），设备状况（如设备完好程度、设备缺陷、维修保养情况等），防护条件（如防护措施、故障处理措施、安全标志等），操作条件（如操作技术水平、操作失误率等），管理条件等。触发因素可分为人为因素和自然因素。人为因素包括个人因素（如操作失误、不正确操作、粗心大意、漫不经心、心理因素等）和管理因素（如不正确管理、不正确的训练、指挥失误、判断决策失误、设计差错、错误安排等）。自然因素是指引起风险源转化的各种自然条件及其变化，如气候条件参数（气温、气压、湿度、大气风速）变化，雷电，雨雪，振动，地震等。

2.4.4 潜在危险性分析

风险源转化为事故，其表现是能量和危险物质的释放。因此风险源的潜在危险性可用能量的强度和危险物质的量来衡量。能量包括电能、机械能、化学能、核能等，风险源的能量强度越大，表明其潜在危险性越大。危险物质主要包括燃烧爆炸危险物质和有毒有害危险物质两大类。前者泛指能够引起火灾或爆炸的物质，如可燃气体、可燃液体、易燃固体、可燃粉尘、易爆化合物、自燃性物质、混合危险性物质等。后者系指直接加害于人体，造成人员中毒、致病、致畸、致癌等的化学物质。可根据使用的危险物质量来描述风险源的危险性。

2.4.5 风险源等级划分

风险源分级一般按风险源在触发因素作用下转化为事故的可能性大小与发生事故的后果的严重程度划分。风险源分级实质上是对风险源的评价。按事故出现可能性大小可分为非常容易发生、容易发生、较容易发生、不容易发生、难以发生、极难发生。根据危害程度可分为可忽略的、临界的、危险的、破坏性的等级别。也可按单项指标来划分等级。如高处作业根据高度差指标将坠落事故风险源划分为四级（一级 2~5 米，二级 5~15 米，三级 15~30 米，特级 30 米以上）。从控制管理角度，通常根据风险源的潜在危险性大小、控制难易程度、事故可能造成损失情况进行综合分级。

2.5 高层建筑施工风险源辨识方法分析

高层建筑物施工项目是一个有机整体，其内部的各类风险源在时空中耦合，相互作用，并受到外部因素影响。立体交叉作业多、构建物变化大、人员流动性大的特点，决定了安全管理工作复杂、事故预防难度大。要实现对高层建筑实施有效的风险控制，必须对高层建筑施工过程进行系统、全面的风险源辨识，否则安全管理工作将成为无本之木。建筑施工风险源辨识是整个施工过程安全管理工作的基础，是风险、事故有效控制、预防的前提。因此，在进行高层建筑施工过程风险源辨识时，应根据其特有的施工特点，有针对性地选择风险源辨识方法。

目前，国内外常用的安全风险辨识方法很多，每一种方法都有其目的性和应用的范围。主要包含如下几种：

2.5.1 工作危险性分析（Job Hazard Analyses，JHA）

工作危险性分析（JHA）是指在施工作业前对将要实施的作业进行危险识别，并制定落实相应的控制措施，以减小、消除和控制执行工作期间的风险。它是基于作业活动的一种风险辨识技术，用来进行人的不安全行为、物的不安全状态、环境的不安全因素及管理缺陷等的有效识别。即先把整个作业活动划分成多个工作步骤，将作业步骤中的风险源找出来，并判断其在现有安全控制措施条件下可能导致的事故类型及其后果。若现有安全控制措施不能满足安全生产的需要，应制定新的安全控制措施以保证安全生产；危险性仍然较大时，还应将其列为重点对象加强管控，必要时还应制定应急处置措施加以保障，从而将风险降低至可以接受的水平。

工业危险性分析具体流程主要包含选定作业活动、分解工作步骤、识别危险因素、提出控制措施、进行风险分析、定期评审6个步骤，而施工方案编制人、施工作业技术负责人、安全管理人员在进行工作危险性分析时，应围绕如下内容进行讨论：

（1）描述将要做的作业过程。

（2）列出所需的工具、设备和材料。

（3）按序列出主要任务或步骤。

（4）识别每项任务或步骤所伴随的危险。

（5）详细说明消除或减小危险的控制方法。

（6）确定控制措施是否已将危险降低到可接受的程度，重新确认每项施工作业工序是否符合逻辑顺序。

2.5.2 安全检查表（Safety Checklist Analysis，SCA）

安全检查表分析法是一种定性的风险分析辨识方法，它是将一系列项目列出检查表进行分析，以确定系统、场所的状态是否符合安全要求，通过检查发现系统中存在的风险，提出改进措施的一种方法。安全检查表分析法主要通过对工程、系统中已知的危险类别、设计缺陷及与一般工艺设备、操作、管理有关的潜在危险性和有害性进行判别检查。为了避免检查项目遗漏，事先把检查对象分割成若干系统，以提问或打分的形式，将检查项目列表，这种表就称为安全检查表。它是系统安全工程的一种最基础、最简便、广泛应用的风险源辨识方法。

要编制一个符合客观实际、能全面识别、分析系统危险性的安全检查表，首先要建立一个编制小组，小组成员应包括熟悉系统各方面的专业人员。其主要步骤如下所示：

（1）熟悉系统。包括系统的结构、功能、工艺流程、主要设备、操作条件、布置和已有的安全消防设施。

（2）搜集资料。搜集有关的安全法规、标准、制度及本系统过去发生过事故的资料，作为编制安全检查表的重要依据。

（3）划分单元。按功能或结构将系统划分成若干个子系统或单元，逐个分析潜在的危险因素。

（4）编制检查表。针对危险因素，依据有关法规、标准规定，参考过去事故的教训和本单位的经验确定安全检查表的检查要点、内容和为达到安全指标应在设计中采取的措施，然后按照一定的要求编制检查表。

①按系统、单元的特点和预评价的要求，列出检查要点、检查项目清单，以便全面查出存在的危险、有害因素。

②针对各检查项目、可能出现的危险、有害因素，依据有关标准、法规列出安全指标的要求和应设计的对策措施。

（5）编制复查表。其内容应包括危险、有害因素明细，是否落实了相应设计的对策措施，能否达到预期的安全指标要求，遗留问题及解决办法和复查人等。

2.5.3 故障类型和影响分析（Failure Mode and Effects Analysis，FMEA）

故障类型和影响分析是系统安全工程的一种方法。根据系统可以划分为子系统、设备和元件的特点，按实际需要将系统进行分割，然后分析各自可能发生的故障类型及其产生的影响，以便采取相应的对策，提高系统的安全可靠性。

故障类型和影响分析的目的是辨识单一设备和系统的故障模式及每种故障模式对系统或装置的影响。故障类型和影响分析是按照预定的程序和分析表进行的，应用步骤如下：

（1）明确分析的对象及范围，并分析系统的功能、特性及运行条件，按照功能划分为若干子系统，找出各个子系统的功能、结构与动作上的相互关系。

（2）确定分析程度和水平。

（3）绘制系统图和可靠性框图。

（4）列出所有的故障类型并选出对系统有影响的故障类型。

（5）理出造成故障的原因。

在故障类型和影响分析中不直接确定人的影响因素，但像人失误、误操作等影响通常作为一个设备故障模式表示出来。

2.5.4 危险与可操作性研究（Hazard，Operability Analysis，HAZOP）

危险与可操作性研究是一种基于危险和可操作性研究的定性技术，它对设计、过程、程序或系统等各个步骤中，是否能实现设计意图或运行条件的方式提出质疑。该技术可以识别人员、设备、环境、组织目标所面临的风险。HAZOP在识别过程、系统或程序的故障模式的原因和后果方面与FMEA类似。其不同在于团队通过考虑不希望的结果、与预期的结果及条件之间的偏差来反查可能的原因和故障模式，而FMEA则是在确定故障模式后才开始辨识过程。

HAZOP主要对分析中的流程、程序或系统进行“设计”及规范化，并审查各组成部分，以发现与预期效果的偏差、潜在的原因及偏差可能造成的结果。通过使用合适的引导词对于系统、过程或程序的各个部分进行系统性分析。可以使用针对某个特殊系统、过程或程序的引导词，也可以使用能涵盖各类偏差的通用词。类似的导语如“过早”“过迟”“过多”“过少”“过长”“过短”“错误方向”“错误目的”“错误行动”可以用来标明人为错误的模式。

2.5.5 事故树分析（Failure Tree Analysis，FTA）

故障树分析是一种根据系统可能发生的或已经发生的事故结果，去寻找与事故发生有关的原因、条件和规律。通过这样一个过程分析，可辨识出系统中导致事故的有关风险源。该方法不仅能分析出事故的直接原因，还能深入地揭示出事故的潜在原因。用它描述事故的因果关系直观、明了，思路清晰，逻辑性强。既可用于定性分析，又可用于定量分析，是安全系统工程的重要分析方法之一。

事故树分析虽然根据对象系统的性质、分析目的的不同，分析的程序也不同。但是，一般都有下面的六个基本程序。有时，使用者还可根据实际需要和要求，来确定分析程序。其基本程序如下所示：

1．熟悉系统

要求要确实了解系统情况，包括工作程序、各种重要参数、作业情况，围绕所分析的事件进行工艺、系统、相关数据等资料的收集。必要时画出工艺流程图和布置图。

2. 调查事故

要求在过去事故实例、有关事故统计基础上，尽量广泛地调查所能预想到的事故，即包括已发生的事故和可能发生的事故。

3. 确定顶上事件

所谓顶上事件，就是我们所要分析的对象事件。选择顶上事件，一定要在详细了解系统运行情况、有关事故的发生情况、事故的严重程度和事故的发生概率等资料的情况下进行，而且事先要仔细寻找造成事故的直接原因和间接原因。然后，根据事故的严重程度和发生概率确定要分析的顶上事件，将其扼要地填写在矩形框内。顶上事件可以是已经发生过的事故，如车辆追尾、道口火车与汽车相撞等事故。通过编制事故树，找出事故原因，制定具体措施，防止事故再次发生。顶上事件也可以是未发生的事故。

4. 确定控制目标

根据以往的事故记录和同类系统的事故资料，进行统计分析，求出事故发生的概率(或频率)，然后根据这一事故的严重程度，确定我们要控制的事故发生概率的目标值。

5. 调查分析原因

顶上事件确定之后，为了编制好事故树，必须将造成顶上事件的所有直接原因事件找出来，尽可能地不要漏掉。直接原因事件可以是机械故障、人的因素或环境原因等。直接原因辨识方法主要有：

（1）调查与事故有关的所有原因事件和各种因素，包括设备故障、机械故障、操作者的失误、管理和指挥错误、环境因素等，尽量详细查清原因和影响；

（2）召开有关人员座谈会；

（3）根据以往的一些经验进行分析，确定造成顶上事件的原因。

6. 绘制事故树

这是FTA的核心部分。在找出造成顶上事件的和各种原因之后，就可以从顶上事件起进行演绎分析，一级一级地找出所有直接原因事件，直到所要分析的深度，再用相应的事件符号和适当的逻辑把它们从上到下分层连接起来，层层向下，直到最基本的原因事件，这样就构成一个事故树。

2.5.6 事件树分析（Event Tree Analysis，ETA）

事件树分析法（Event Tree Analysis，简称ETA）是安全系统工程中常用的一种归纳推理分析方法，起源于决策树分析（简称DTA），它是一种按事故发展的时间顺序由初始事件开始推论可能的后果，从而进行风险源辨识的方法。这种方法将系统可能发生的某种事故与导致事故发生的各种原因之间的逻辑关系用一种称为事件树的树形图表示，通过对事件树的定性与定量分析，找出事故发生的主要原因，为确定安全对策提供可靠依据，以达到猜测与预防事故发生的目的。目前，事件树分析法已从宇航、核产业进入到一般电力、化工、机械、交通等领域，它可以进行故障诊断、分析系统的薄弱环节，指导系统的安全运行，实现系统的优化设计等。

事件树编制程序如下所示：

1. 确定初始事件

事件树分析是一种系统地研究作为风险源的初始事件如何与后续事件形成时序逻辑关系而最终导致事故的方法。正确选择初始事件十分重要。初始事件是事故在未发生时，其发展过程中的危害事件或危险事件，如机器故障、设备损坏、能量外逸或失控、人的误动作等。可以用两种方法确定初始事件：

根据系统设计、系统危险性评价、系统运行经验或事故经验等确定；根据系统重大故障或事故树分析，从其中间事件或初始事件中选择。

2. 判定安全功能

系统中包含许多安全功能，在初始事件发生时消除或减轻其影响以维持系统的安全运行。常见的安全功能列举如下：

对初始事件自动采取控制措施的系统，如自动停车系统等；提醒操作者初始事件发生了的报警系统；根据报警或工作程序要求操作者采取的措施；缓冲装置，如减振、压力泄放系统或排放系统等；局限或屏蔽措施等。

3. 绘制事件树

从初始事件开始，按事件发展过程自左向右绘制事件树，用树枝代表事件发展途径。首先考察初始事件一旦发生时最先起作用的安全功能，把可以发挥功能的状态画在上面的分枝，不能发挥功能的状态画在下面的分枝。然后依次考察各种安全功能的两种可能状态，把发挥功能的状态（又称成功状态）画在上面的分枝，把不能发挥功能的状态（又称失败状态）画在下面的分枝，直到到达系统故障或事故为止。

4. 简化事件树

在绘制事件树的过程中，可能会遇到一些与初始事件或与事故无关的安全功能，或者其功能关系相互矛盾、不协调的情况，需用工程知识和系统设计的知识予以辨别，然后从树枝中去掉，即构成简化的事件树。

课题组对上述几种常用风险源辨识方法的对比分析，得到各种辨识方法的适用范围和优缺点，如表 2-2 所示：

表 2-2　风险源辨识方法适用范围及优缺点一览表

序号	风险源辨识方法	适用范围	优缺点
1	工作危险性分析	辨识作业过程中存在的风险	优点：简单易行、便于掌握，分析细致
2	安全检查表	可用于对物质、设备设施和作业场所的分析	优点：①简便、易于掌握；②辨识相对系统化、完整化和准确化 缺点：辨识结果带有很大的主观性
3	故障类型和影响分析	工艺设备设计和制造过程	优点：①从源头上防止设备事故的发生；②让操作人员更加深入了解设备结构和运行原理及时发现设备的不安全状态 缺点：①无法从整个工艺系统角度进行工艺风险源辨识；②不考虑“人因”和系统各单元间的相互影响；③对设计依据不做质疑
4	危险与可操作性研究	设计阶段和现有的生产装置的风险源辨识，多用于化工行业	优点：成员之间相互促进，开拓思路 缺点：分析过程过于复杂，不易操作
5	事故树分析	针对特定事故辨识风险源	优点：能详细找出系统各种原有的潜在的危险因素 缺点：①针对特定事故进行分析，辨识局限性大；②考虑人的因素时，着重于管理层的原因，忽视操作者；③建树过程复杂、难度大
6	事件树分析	工艺系统设计和制造过程	优点：分析直观、明了，思路清晰，逻辑性较强 缺点：分析过程过于复杂，辨识全面性较差

结合高层建筑施工作业特点，通过对几种常用风险源辨识方法的对比分析，课题组认为：由于高层建筑施工工程量大、工序多、交叉作业多，事故树分析、事件树分析过于复杂，且辨识系统性、全面性无法保证；故障类型和影响分析、危险与可操作性对于设备设计和运行过程的风险源辨识效果较好，但对建筑施工过程风险源辨识难度大、辨识复杂；工作危险性分析、安全检查表分析法都具有辨识简便、易于掌握、辨识全面系统的特点，基于以上对比分析，课题组选择工作危险性分析法和安全检查表法构建辨识方法体系，辨识高层建筑施工过程风险源。

2.6 高层建筑施工安全风险分类分级辨识研究

从高层建筑施工风险管理的角度出发，依据全面覆盖和不交叉重复的原则将高层建筑施工安全体系进行细分，依据《建筑工程施工质量验收标准》中对于建筑工程分部分项的划分，纵向上将高层建筑施工安全体系分为地基与基础工程、主体结构工程、装饰装修工程及屋面工程四个部分，纵向分解部分示意图如图2-2到图2-5所示。

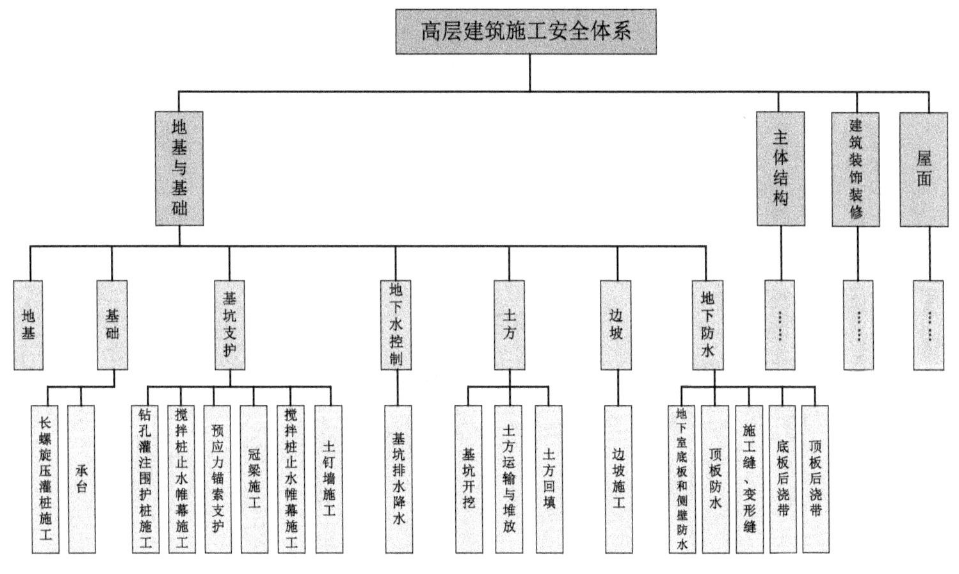

图2-2 地基与基础工程辨识范围分解示意图

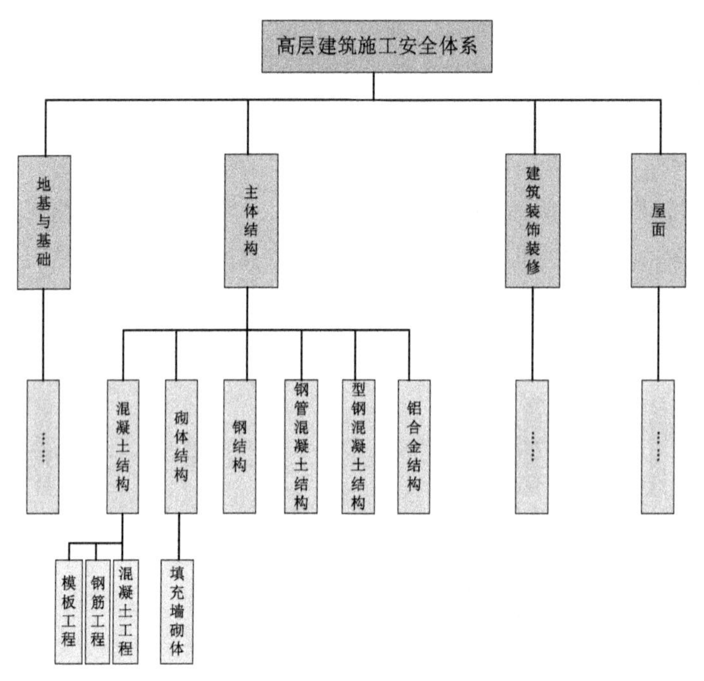

图 2-3　主体结构工程辨识范围分解示意图

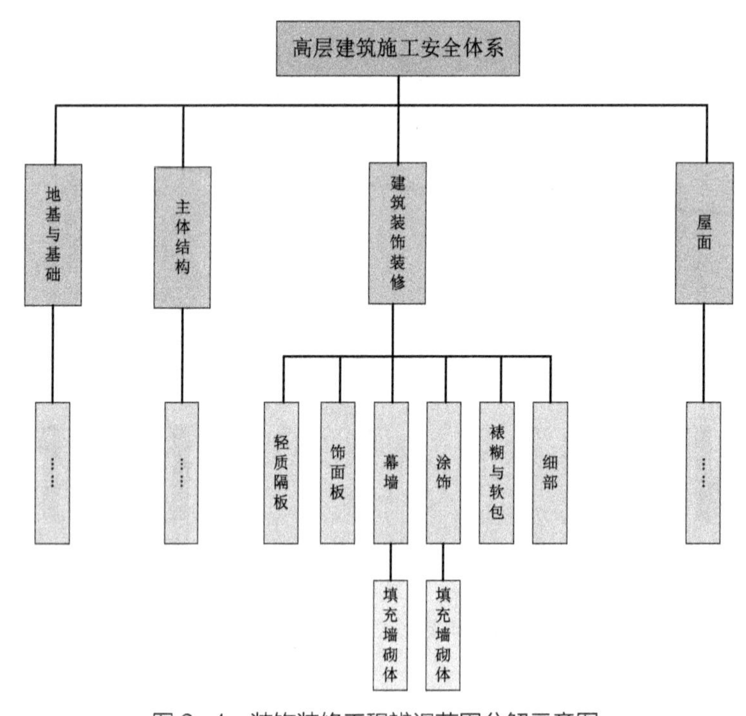

图 2-4　装饰装修工程辨识范围分解示意图

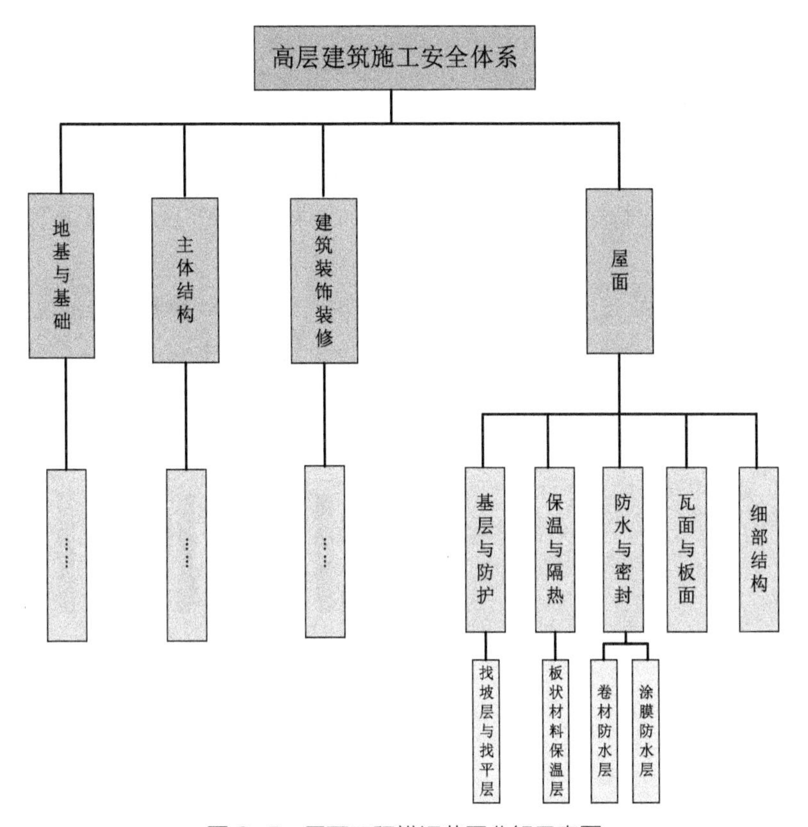

图2-5　屋面工程辨识范围分解示意图

横向上根据高层建筑施工特点，运用JHA法对高层建筑施工按照“分部工程—子分部工程—分项工程—施工工序”四个层次进行层层细分。依据各项作业所对应的标准工艺工序，对分项工程进行作业单元的划分。结合既有的高层建筑施工事故或可能出现的风险场景，明确各个作业单元的典型风险事件，建立逻辑清晰、简明扼要的高层建筑施工风险辨识清单。

高层建筑施工风险辨识清单具有可拓展性和可改进性，在实际施工过程中，因为项目变化等情况，可及时更改和补充作业类型及典型风险事件。

2.7　高层建筑施工风险辨识结果

依据《建筑工程施工质量验收统一标准》中对于建筑工程分部分项工程的划分，课题组主要针对地基处理与基础工程施工、主体结构施工、装饰装修工程施工、层面工程施工四个阶段进行施工工序细分，直至最底层工序。根据已确定的风险辨识范围，课题组主要从以下两方面入手，辨识具体的风险源：

一是根据已发生的某些事故，通过查找其触发因素（事故隐患），然后通过触发因素找出其风险源。

二是模拟或预测系统内尚未发生（有可能要发生）的事故，分析可能引起其发生的原因，通过这些原因找出触发因素，再通过触发因素辨识出潜在的风险源。

将通过各类事故查出的现实风险源与辨识出的潜在风险源综合汇总归纳后，得出辨识单元内的全部风险源；将各辨识单元内的所有风险源归纳综合后，得到所研究系统或生产过程的所有危险，最终得到基于JHA法的风险源辨识清单，见附表1。此外，对于《建筑工程施工质量验收标准》中未规定的施工过程（如临建）或静态机械的致险因素，运用安全检查表法进行风险辨识，得到基于安全检查表法的风险辨识清单，见附表2。

第3章

高层建筑施工风险评价体系研究

为保障高层建筑施工过程的生产安全，必须从预防事故这一根本目的出发，预先或超前对高层建筑各施工阶段的安全性进行科学地预测和评估，从而实现高层建筑施工过程安全生产的总目标。从预防事故的观点出发，对高层建筑施工过程可能发生的事故及其严重程度进行预测和评价，可以有效地防止安全投入的欠债、使安全投入更具针对性。因此，对高层建筑施工过程风险评价技术体系进行系统地研究，具有十分重要的实际意义。

3.1　高层建筑施工安全风险评价方法分析

风险评价方法主要包括定性评价、半定量评价、定量评价方法。常用的主要有LEC评价法、层次分析法、MES评价法、MLS评价法及风险矩阵法。

3.1.1　LEC评价法

LEC评价法是一种评价具有潜在危险性环境中作业时的危险性半定量安全评价方法。该方法仅考虑了事故发生的可能性、人体暴露在危险环境中的频繁程度及一旦发生事故会造成的损失后果等3种因素对风险大小的影响，对于3种因素的赋值并未提出一个可操作性强的参考标准，且较为模糊。

3.1.2　层次分析法

层次分析法是建立在系统工程理论上的一种解决实际问题的方法。该方法能把定性因素进行量化，并能在一定程度上检验和减少主观影响，使分析更为科学合理。具体来说，是将一个复杂的多目标决策问题作为一个系统，将目标分解为多个目标或准则，进而分解为多指标的若干层次，通过定性指标模糊量化方法算出层次单排序（权重）和总排序，作为目标、多方案优化决策的系统方法。

3.1.3 MES评价法

MES评价法是基于LEC评价法提出的定性半定量方法，在评价时仅考虑事故发生的可能性与事故后果两种影响因素，而对于事故发生的可能性主要取决于人体暴露于危险环境的概率和控制措施，该方法相比LEC法的进步在于在评价时考虑了管理措施对风险大小的影响。

3.1.4 MLS评价法

MLS评价法是基于LEC法和MES法提出的一种定性半定量方法，较多的应用于化工行业，在评价时综合考虑了危险因素个数、管理措施、危险因素发生事故的频率、危险因素发生事故造成的人员伤亡损失、职业病损失、财产损失及环境污染损失等，该方法相比前两种方法，考虑了多个危险因素相互叠加产生风险事件的可能。

3.1.5 风险矩阵法

风险矩阵法主要考虑风险大小是由风险发生的概率与事故后果的严重程度组成，并分别建立评估指标体系来定性定量风险大小，该方法目前主要用于桥梁隧道工程、港口工程及高边坡工程总体风险评估和专项风险评估，以及中石化系统新改扩建项目的风险评估。然而对于特定施工作业单元存在的风险如何能够做到评估过程可操作性强、评估结果准确性高值得进一步探讨。

表3-1 常用安全风险评价方法对比分析表

序号	风险评价方法	优点	缺点
1	LEC评价法	操作简便	①对可能性(L)、暴露频繁程度(E)、损失后果(C)三个指标的评价标准有较大主观性 ②未考虑管理对风险的影响

续表

序号	风险评价方法	优点	缺点
2	层次分析法	系统性、简洁实用	定量数据较少，定性成分多
3	MES评价法	定性和定量相结合，操作性强	M值与事故可能后果S评价指标设置过于粗略
4	MLS评价法	因素综合全面	未分析外界环境因素对风险的影响
5	风险矩阵法	操作性强、应用成熟	①风险矩阵的构建存在一定的主观性和随机性。 ②风险矩阵的评估范围存在重叠，较难确定重叠区域风险事件概率。

从表3-1可以看出，常用风险评估方法均有其各自优势，但也有其不可忽略的局限性。因此，单独选用某种定量评估方法对高层建筑施工进行风险评价具有较大的局限性。高层建筑施工过程致险因素错综复杂、相互关系模糊不清，层次分析法可以把高层建筑施工过程各致险因素按由高到低的隶属关系构建一个多层次结构体系，从而厘清致险因素的相互关系，此外，通过定性指标模糊量化方法算出层次单排序（权重），从而确定每一层次全部因素的相对重要程度的权值。因此，课题组运用层次分析法构建高层建筑施工安全评价指标体系，确定风险事件发生可能性的权重值进行定量评估。同时为了消除层次分析定量数据较少、无法进行分级评估的局限性，课题组引入灰色系统理论；通过灰数生成、灰色建模等手段，将原始矩阵的数据经过变换最终获得某一风险事件发生影响因素的取值。课题组将这种评估风险事件发生可能性的定量评价方法叫作风险影响因素（Risk Influence Factor）评估法（以下简称RIF评估法）。通过运用RIF评估法对高层建筑施工过程评估，以期帮助管理者全面、科学地认识风险、评价风险。

3.2 高层建筑施工安全风险评价模型构建

3.2.1 风险评估流程

风险评估就是采用定性和定量的方法，对风险事故发生的可能性及严重程度进行数量估算，并根据制定的风险分级标准和接受准则，对工程风险进行等级分析、危害性评定和风险排序。在充分考虑高层建筑施工特点的基础上，本课题组采用定性和定量评估相结合的方式对高层建筑施工过程进行安全风险评价，该评价过程主要分为两个阶段：第一阶段为定性初筛，第二阶段为定量评估。定性初筛的目的是：根据所确定的指标直接将可忽略的风险先行筛出，让定量评估更具针对性。在定性评估后，使用风险矩阵法和RIF评价法针对剩下的风险事件进行定量评价，具体评估流程如图 3-1 所示：

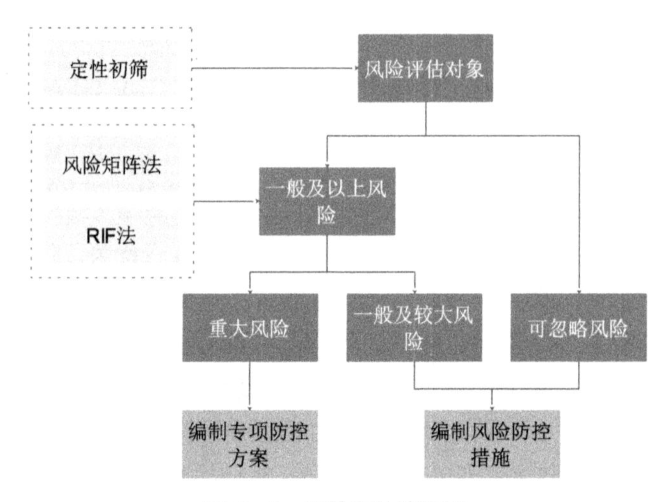

图 3-1　风险评估流程图

3.2.2　定性初筛

定性粗筛法的指标如下，满足其中任一条，即可定性为一般及以上安全生产风险，否则为较小风险：

（1）存在特种作业的。

（2）人机配合密度较高的作业。

（3）采用新技术、新工艺、新设备、新材料的作业。

（4）曾经发生过风险事故的作业或类似作业。

（5）引发风险事件的频率较高且难以控制的作业。

（6）引发风险事件的频率较低但后果严重的作业。

（7）专家共认的高风险作业。

3.2.3　定量评估——RIF风险评估法

风险是指某一事故发生的可能性和严重程度的组合。因此，风险等级的确定首先要计算出风险发生概率及可能引起的损失两个方面的估测结果。根据风险评估结果，对照风险等级判断标准即可确定风险等级大小。最终，依据风险可接受准则，确定出风险接受程度。

在进行风险事件发生可能性的分析、确定时，主要采用以下两种方法：

（1）利用相关历史数据来识别那些过去发生的事件或情况，借此推断出它们在未来发生的可能性。所使用的数据应当与正在分析的系统、设备、组织或活动的类型有关。

（2）系统化和结构化地利用专家观点来估计可能性。专家判断利用一切现有的相关信息，包括历史的、特定系统的、具体组织的、实验及设计等方面的信息，从管理因素（A）、设备因素（B）、人员因素（C）和环境因素（D）四个方面进行考虑。

风险事件的可能性可采用式（3－1）进行判定：

$$P_j=\alpha W_A+\beta W_B+\gamma W_C+zW_D \tag{3-1}$$

式中：

α 和 W_A——管理因素的权重系数和风险影响因素取值。

β 和 W_B——设备因素的权重系数和风险影响因素取值。

γ 和 W_C——人员因素的权重系数和风险影响因素取值。

z 和 W_D——环境因素的权重系数和风险影响因素取值。

根据公式（3－1）可知，风险可能性主要由管理因素、设备因素、人员因素、环境因素四类影响因素的权重系数和风险影响因素取值所决定。权重系数可通过综合运用专家打分法和层次分析法进行计算。同时运用专家打分法、模糊综合判断法、灰色理论方法进行风险影响因素取值的确定。

1. 风险可能性评估指标体系构建

通过对风险辨识结果的分析总结，高层建筑施工分析因素大致可以分为：人、物、管理、环境四大类。因此，课题组以人、物、管理、环境这四大类因素为一级指标。此外，在总结历年来建筑施工行业安全事故的案例资料及相关文献的基础上，课题组以人的因素、物的因素、管理因素、环境因素这四个一级指标为出发点，通过合并、删除等方式总结10项高层建筑施工安全致险因素(二级指标)。统计结果如下所示：

（1）人的因素：作业人员的安全意识素养，作业人员的专业技术水平。

（2）物的因素：机械设备，材料质量，安全防护设施。

（3）管理因素：安全技术管理，安全教育培训，制度落实及现场管理。

（4）环境因素：自然环境，周边及作业环境。

高层建筑施工安全风险可能性评价指标层示意图如图 3-3 所示：

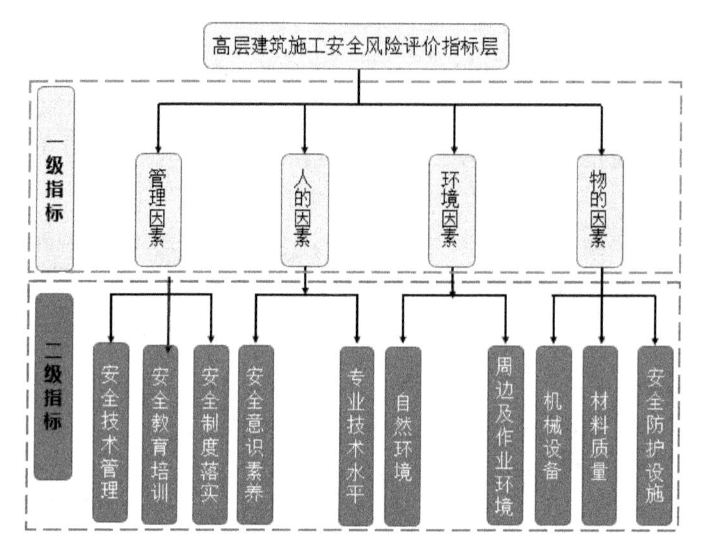

图 3-2　高层建筑施工安全风险指标体系

2. 风险影响因素权重系数的确定

在评估影响因素集中，每个因素所占比重的大小之间有着较大的差异，所以每个影响因素所对应总体因素的权重有着重要的意义，并且这个权重对总体评估结论起到非常关键的作用。因此，如何高质量地计算出影响因素所对应的权重集是非常重要的环节之一。应从多个方向去综合考虑权重集的取值，如果只使用某单一的原则，则无法系统全面地表现这个因素所占的重要性。鉴于此，风险评估体系中指标权重的确定运用层次分析法（AHP法），系统直观地比较各个因素的重要性，最终得出评价因素权重集。为避免用于建立模型的判断矩阵受单个评估者主观行为的影响，本模型中邀请s位（s ≥ 5）建筑施工领域的专家，对各个致险因素构造比较判断矩阵。

（1）构造比较判断矩阵。在确定各层次各因素之间的权重时，如果只是定性的结果，则常常不容易被别人接受，在此背景下Saaty等人提出一致矩阵法，即：不把所有因素放在一起比较，而是两两相互比较。对比时采用相对尺度，以尽可能减少性质不同因素相互比较的困难，从而提高准确度。

在建立了递阶层次结构体系后，根据上下层次之间的隶属关系，构造判断矩阵。以上一层某因素为准则，它对下一层次各指标有支配关系，通过两两比较下一层次诸指标对上一层次某因素的相对重要性，并赋予一定的分值CK，建立比较判断矩阵。

根据高层建筑施工实际情况，以问卷调查的方式问询s位建筑施工领域专家（施工现场项目经理、技术负责人、安全总监等），对风险事件的一级评价指标进行权重系数打分，最终构造各风险事件一级指标的比较判断矩阵，如表3-2所示。

表3-2　比较判断矩阵

CK	A1	A2	……	An
A_1	a_{11}	a_{12}	…	a_{1n}
A_2	a_{21}	a_{22}	…	a_{2n}
……	…	…	…	…
A_n	a_{n1}	a_{n2}	…	a_{nn}

表中，A_i (i =1，2，…，n) 表示处于同一层次上的隶属于同一因素X的各指标；a_{ij}(I =1，2，…，n；j=1，2，…，m) 表示指标A_i和A_j相对于因素X重要程度的标度，a_{ij}具有下面的性质：

①$a_{ij} > 0$；

②$a_{ij} = 1/a_{ij}$；

③$a_{ij} = 1$。

一般分值CK的确定采用Saaty教授提出的标度法，见表3-3所示。

表3-3　层次分析法的判断矩阵标度及其含义

分值CK	定义	说明
1	同等重要	两指标相比，一个指标比另一个指标同等重要
3	稍微重要	两指标相比，一个指标比另一个指标稍微重要
5	明显重要	两指标相比，一个指标比另一个指标明显重要
7	非常重要	两指标相比，一个指标比另一个指标非常重要
9	绝对重要	两指标相比，一个指标比另一个指标绝对重要
2、4、6、8		介于上述相邻情况的中间值

（2）求算矩阵最大特征根和最大特征向量。对各位专家构造的比较判断矩阵，每列进行正交化处理，得到新的被正交化后的比较判断矩阵。进而可计算出该判断矩阵的特征向量，归一化后即为A、B、C、D的权重值。

$$Q=(\alpha, \beta, \gamma, z)^T \quad (3-2)$$

（3）对各位专家构造的比较判断矩阵的特征值进行计算，最大特征根的计算公式为：

$$\lambda_{max}=\frac{\Sigma(WQ)_i}{nQ_i} \quad (3-3)$$

式中：

W——指标对比矩阵。

Q——权重列矩阵。

（4）进行一致性和随机性检验。由于客观事物的复杂及对事物认识的片面性，构造的判断矩阵不一定是一致性矩阵，但当偏离一致性过大时，会导致一些问题的产生。因此得到 λ_{max}后，还需进行一致性和随机性检验。

判断矩阵的一致性常用一致性指标C.I检验，一致性指标C.I的值越大，表明判断矩阵偏离完全一致性的程度越大；C.I的值越小，表明判断矩阵越接近于完全一致性。一般判断矩阵的阶数n越大，人为造成的偏离完全一致性指标C.I的值便越大；n越小，人为造成的偏离完全一致性指标C.I的值便越小。C.I计算公式为：

$$C.I=(\lambda_{max}-n)/(n-1) \quad (3-4)$$

对于多阶判断矩阵，引入平均随机一致性指标R.I，判断矩阵一致性指标C.I与同阶平均随机一致性指标R.I之比称为随机一致性比率C.R。C.R计算公式为：

$$C.R=C.I/R.I \quad (3-5)$$

式中：

C.I——一致性指标；

R.I——平均随机一致性指标，其值见表 3-4；

C.R——随机一致性比率。

只有当$C.R < 0.1$时，判断矩阵才具有满意的一致性，即表明该组数据（专家构造的判断矩阵）为有效数据。

表 3-4　层次分析法中的R.I取值

n	1	2	3	4	5	6	7	8	9
R.I	0.00	0.00	0.58	0.90	1.12	1.24	1.32	1.41	1.45

根据上述计算方法，可得到s位专家构造的判断矩阵的计算结果如表3-5所示。

表3-5 采用各位专家构造判断矩阵计算的权重系数结果

专家编号	α	β	γ	z	λ_{max}	C.I	C.R	一致性检验
1	α_1	β_1	γ_1	z_1	λ_{max1}	$C.I_1$	$C.R_1$	是否通过？
2	α_2	β_2	γ_2	z_1	λ_{max2}	$C.I_2$	$C.R_2$	是否通过？
…	…	…	…	…	…	…	…	…
s	α_s	β_s	γ_s	z_s	λ_{maxn}	$C.I_s$	$C.R_s$	是否通过？

选取表3-5中的有效数据进一步计算。将权重系数计算平均值，则能够得到四项评估因素的权重系数：将权重系数计算平均值，则能够得到四项评估因素的权重系数：

$$Q=\left(\frac{1}{m}\sum_{i=1}^{m}\alpha_i\ ,\ \frac{1}{m}\sum_{i=1}^{m}\beta_i\ ,\ \frac{1}{m}\sum_{i=1}^{m}\gamma_i\ ,\ \frac{1}{m}\sum_{i=1}^{m}z_i\right)^T \tag{3-6}$$

3. 风险影响因素取值的确定

（1）进行二级指标的权重和发生可能性赋值。以问卷调查的方式问询n位建筑施工领域专家（施工现场项目经理、技术负责人、安全总监等），专家根据自身经验对二级指标的权重、发生可能性进行赋值。各二级影响因素在指标体系中的权重大小，区间取[0，1]；各二级影响因素发生的可能性，区间取[0，10]，具体赋值参照表3-6，表3-7所示。

表3-6 二级影响因素权重赋值

序号	二级影响因素重要性	取值区间
1	非常重要	(0.8，1]
2	比较重要	(0.6，0.8]
3	重要性一般	(0.4，0.6]
4	比较不重要	(0.2，0.4]
5	不重要，可忽略	(0，0.2]

表3-7 二级影响因素风险发生可能性赋值

序号	二级影响因素影响程度	取值区间
1	影响极高	(8，10]
2	影响比较高	(6，8]
3	影响程度一般	(4，6]
4	影响比较低	(2，4]
5	影响低，可忽略	(0，2]

（2）求得各二级指标权重。根据s个专家的打分情况，可通过对各个专家赋分求平均的方式得到各二级因素的权重：

$$X_A=\left(\frac{1}{s}\sum_{i=1}^{s}\alpha_{1i},\frac{1}{s}\sum_{i=1}^{s}\alpha_{2i},\frac{1}{s}\sum_{i=1}^{s}\alpha_{2i},\frac{1}{s}\sum_{i=1}^{s}\alpha_{2i}\right) \tag{3-7}$$

式中α_{1i}，α_{2i}，α_{3i}和α_{4i}，分别为A影响因素中各二级因素的权重专家赋值。

同理可得到B影响因素中各二级因素的权重专家赋值

$$X_B=\left(\frac{1}{s}\sum_{i=1}^{s}b1_i，\frac{1}{s}\sum_{i=1}^{s}b2_i，\frac{1}{s}\sum_{i=1}^{s}b3_i\ \ldots\ldots\right) \tag{3-8}$$

$$X_C=\left(\frac{1}{s}\sum_{i=1}^{s}c1_i，\frac{1}{s}\sum_{i=1}^{s}c2_i，\frac{1}{s}\sum_{i=1}^{s}c3_i\ \ldots\ldots\right) \tag{3-9}$$

$$X_D=\left(\frac{1}{s}\sum_{i=1}^{s}d1_i，\frac{1}{s}\sum_{i=1}^{s}d2_i，\frac{1}{s}\sum_{i=1}^{s}d3_i\ \ldots\ldots\right) \tag{3-10}$$

（3）构造致险因素发生可能性的评价矩阵。s个专家对一级指标A中影响因素（二级指标）发生可能性赋分参照表3-7用数值大小来表示，可得样本评价矩阵：

$$U_A=\begin{bmatrix} u_{11} & u_{12} & u_{13} \\ u_{21} & u_{22} & u_{23} \\ \cdots & \cdots & \cdots \\ u_{s1} & u_{s2} & u_{s3} \end{bmatrix} \tag{3-11}$$

同理可分别得到影响因素B，C，D中各二级因素专家赋值评价矩阵U_B，U_C，U_D。

（4）评价等级设定：参考测度理论，各二级因素取值可分为5个等级。参

照表3-7每个等级取值为该区间的平均值，即W=（9，7，5，3，1）

（5）评估特征灰类值：采取灰色理论系统对专家打分样本评价矩阵进行处理。定义K类白化函数为f_k，样本d_i在k类白化函数上的白化值为$f_k(d_i)$。本研究中f_5表示一共有5类白化函数，y_k为f_k的值，x为样本值，则：

f_1(上类)：$y_1=x/9$，$x\in[0,9)$；$y_1=1$，$x\geqslant 9$。

f_2(中上类)：$y_2=x/7$，$x\in[0,7)$；$y_2=-x/7+2$，$x\in[7,14]$；$y_2=0$，$x>14$。

f_3(中类)：$y_3=x/5$，$x\in[0,5)$；$y_3=-x/5+2$，$x\in[5,10]$；$y_3=0$，$x>10$。

f_4(中下类)：$y_4=x/3$，$x\in[0,3)$；$y_4=-x/3+2$，$x\in[3,6]$；$y_4=0$，$x>6$。

f_5(下类)：$y_5=1$，$x\in[0,1)$；$y_5=-x/1+2$，$x\in[1,2]$；$y_5=0$，$x>2$。

（6）灰类统计数

以专家样本评价矩阵为基础，分析评价指标A_1，得出该指标在各评价标准下的灰统计值。如下：

A_1属于上类白化函数的统计值：

$$n_{11}=f_1(u_{11})+f_1(u_{21})+\cdots+f_1(u_{s1}) \tag{3-12}$$

A_1属于中上类白化函数的统计值：

$$n_{12}=f_2(u_{11})+f_2(u_{21})+\cdots+f_2(u_{s1}) \tag{3-13}$$

A_1属于中类白化函数的统计值：

$$n_{13}=f_3(u_{11})+f_3(u_{21})+\cdots+f_3(u_{s1}) \tag{3-14}$$

A_1属于中下类白化函数的统计值：

$$n_{14}=f_4(u_{11})+f_4(u_{21})+\cdots+f_4(u_{s1}) \tag{3-15}$$

A_1属于下类白化函数的统计值：

$$n_{15}=f_5(u_{11})+f_5(u_{21})+\cdots+f_5(u_{s1}) \tag{3-16}$$

计算评价指标A_1的总灰类统计值：

$$n_{A1}=n_{11}+n_{12}+n_{13}+n_{14}+n_{15} \tag{3-17}$$

同理可以计算出A_2，A_3的白化函数统计值n_{ij}的值(i=2，3；j=1，2，3，4，5)及总灰类统计值n_{A2}，n_{A3}。

（7）灰类评估矩阵及权矩阵

计算评估指标A1中每种灰类统计值的权重：

$$v_{11}=n_{11}/n_{A1}; \tag{3-18}$$

$$v_{12}=n_{12}/n_{A1};\tag{3-19}$$

$$v_{13}=n_{13}/n_{A1};\tag{3-20}$$

$$v_{14}=n_{14}/n_{A1};\tag{3-21}$$

$$v_{15}=n_{15}/n_{A1};\tag{3-22}$$

同理可计算出A_2，A_3的中每种灰类统计值的权重v_{ij}(i=2，3；j=1，2，3，4，5)。

从而得到孕险因素A的模糊评价权重矩阵：

$$V_A=\begin{bmatrix}v_{11} & v_{12} & v_{13} & v_{14} & v_{15}\\ v_{21} & v_{22} & v_{23} & v_{24} & v_{25}\\ v_{31} & v_{32} & v_{33} & v_{34} & v_{35}\end{bmatrix}\tag{3-23}$$

（8）进行模糊计算：

$$W_A=X_A\cdot V_A\tag{3-24}$$

将计算结果中与风险等级W=（9，7，5，3，1）进行对比，按照最大隶属度原则，计算结果中比重最大项所对应的风险等级取值即确定为A影响因素的取值W_A。

同理，根据上述计算方法，可分别计算出B，C，D影响因素的取值W_B，W_C和W_D。

根据以上风险影响因素权重和取值的计算结果，利用公式（3-1）可求得风险事件的发生的可能性。将计算结果对照表即可得到风险发生水平（等级）。

表3-8　风险发生可能性分级表

风险等级	风险可能性计算值	风险发生概率
1	(8，10]	产生风险概率极高
2	(6，8]	产生风险概率较高
3	(4，6]	产生风险概率中等
4	(2，4]	产生风险概率较低
5	(0，2]	产生风险概率低，可忽略

3.2.4　风险损失水平确定——风险矩阵评价法

将风险潜在导致损失的程度按照人员伤亡、直接经济损失、环境影响的严重程度划分为五个等级，见表3-9~表3-11。不同的风险事故产生的损失形态

可能是一种或多种，若是多种损失形态共存，则根据就高原则取用。

人员伤亡等级的判断标准见表 3-9。

表 3-9　人员伤亡等级

等级	等级描述
5	事故造成轻伤 1-2 人，无重伤及死亡
4	事故造成轻伤 3-9 人，或重伤 1-3 人，无人死亡
3	事故造成轻伤 10-29 人，或重伤 4-9 人，或 1-2 人死亡
2	事故造成轻伤 30-100 人，或重伤 10-30 人，或 3-5 人死亡
1	事故造成轻伤 100 人以上，或重伤 30 人以上，或 5 人以上死亡

直接经济损失等级的判断标准见表 3-10。

表 3-10　直接经济损失等级

等级	等级描述
5	直接经济损失 < 10 万元
4	10 万元≤直接经济损失 < 40 万元
3	40 万≤直接经济损失 < 200 万元
2	200 万≤直接经济损失 < 500 万元
1	直接经济损失 > 500 万元

环境影响等级的判断标准见表 3-11。

表 3-11　环境影响等级

等级	等级描述
5	涉及范围很小，无群体性影响，需紧急转移安置人数≤ 50 人
4	涉及范围较小，一般群体性影响，50 人 < 需紧急转移安置人数≤ 100 人
3	涉及范围大，区域正常经济、社会活动受影响，100 人 < 需紧急转移安置人数≤ 500 人
2	涉及范围很大，区域生态功能部分丧失，500 人 < 需紧急转移安置人数≤ 2000 人
1	涉及范围非常大，区域生态功能丧失，需紧急转移安置人数 > 2000 人

在进行风险事件后果严重性分析时，通过事故环境构建和事故演化过程分析和描述，通过问卷调查的形式让s位专家或一线工作人员从人员伤亡、直接经济损失、环境影响等多个角度并结合自身应急管理状况进行风险后果评估，以所有专家评估结果的中位数作为评估事件的风险等级。在进行风险损失等级划分时，取风险损失的最高值。表3-12为风险事件后果严重性的统计表。

表3-12 风险事件后果

损失类型 等级	人员伤亡	直接经济损失 （万元）	环境影响
5	事故造成轻伤1-2人，无重伤及死亡	经济损失＜10万元	涉及范围很小，无群体性影响，需紧急转移安置人数≤50人
4	事故造成轻伤3-9人，或重伤1-3人，无人死亡	10万元≤经济损失＜40万元	涉及范围较小，一般群体性影响，50人＜需紧急转移安置人数≤100人
3	事故造成轻伤10-29人，或重伤4-9人，或1-2人死亡	40万≤经济损失＜200万元	涉及范围大，区域正常经济、社会活动受影响，100人＜需紧急转移安置人数≤500人
2	事故造成轻伤30-100人，或重伤10-30人，或3-5人死亡	200万≤经济损失＜500万元	涉及范围很大，区域生态功能部分丧失，500人＜需紧急转移安置人数≤2000人
1	事故造成轻伤100人以上，或重伤30人以上，或5人以上死亡	经济损失＞500万元	涉及范围非常大，区域生态功能丧失，需紧急转移安置人数＞2000人

风险等级确定——风险矩阵评价法

采用风险矩阵法将事故发生的可能性和事故后果的严重性进行组合，评估风险等级，分为四级：Ⅰ级（重大风险）、Ⅱ级（较大风险）、Ⅲ级（一般风险）和Ⅳ（较小风险），如表3-13所示。

表3-13 风险评估——风险矩阵

风险损失 风险概率	1	2	3	4	5
1	Ⅰ	Ⅰ	Ⅱ	Ⅱ	Ⅲ
2	Ⅰ	Ⅱ	Ⅱ	Ⅲ	Ⅲ

续表

风险损失 风险概率	1	2	3	4	5
3	Ⅱ	Ⅱ	Ⅲ	Ⅲ	Ⅳ
4	Ⅱ	Ⅲ	Ⅲ	Ⅳ	Ⅳ
5	Ⅲ	Ⅲ	Ⅳ	Ⅳ	Ⅳ

3.2.5 风险接受准则构建

不同等级的风险需采用不同的风险控制措施，结合风险评价矩阵，不同等级风险的接受准则见表3-14。

表3-14 风险区域及说明

区域	定义
Ⅰ	重大风险，评估对象处于不安全的状态，必须高度重视，必须采取有效的预防控制措施将风险等级降低到Ⅱ级及以下水平；如果控制措施的代价超出风险承担者的承受能力，则需更换方案或放弃项目执行
Ⅱ	较大风险，评估对象风险水平有条件接受，必须实施削减风险的控制措施，并需要准备应急计划
Ⅲ	一般风险，评估对象风险水平有条件接受，有进一步实施预防措施以提升安全性的必要
Ⅳ	较小风险，评估对象处于安全理想状态，风险可接受，当前控制措施有效，不必采取额外技术、管理方面的预防措施

第4章

高层建筑施工风险评价研究

4.1 概况

随着施工项目的不断推进，高层建筑施工过程中的风险源种类和风险等级都在不断发生着变化，前一阶段的施工风险状态会对下一阶段施工风险状态产生巨大影响。为了便于安全管理人员明确施工过程中安全管理的重点，有效地防止事故的发生，降低建筑施工过程生命、财产的损失，课题组以金沙洲AB 3707023（商 5）地块项目为依托，针对施工过程中各类安全风险进行有效的辨识、分析、评估。

图 4-1　金沙洲效果图

4.1.1 金沙洲工程概况

金沙洲AB3707023地块项目共6栋，其中1#为22层，地上建筑面积为42745.52平方米；2#、5#为16层，地上建筑面积2#为10490.1平方米、5#为10586.4平方米；3#、4#、6#为18层，地上建筑面积3#为23176.8平方米，4#为31076.93平方米，6#为29417.37平方米。6栋楼合计地上建筑面积为147024.92平方米。地下室为地下一层，层高4米，建筑面积32049.78平方米。建筑功能为高层商业建筑。设计标高±0.00相当于绝对标高9.700米。

4.1.2 金沙洲地质条件

钻探揭露表明，拟建场地地基岩土层主要有：上部第四系覆盖土层主要有人工堆积的填土，冲~洪积成因的淤泥、粉细砂、中粗砂、砾砂、粉质黏土，残积成因的粉质黏土，下伏基岩为石炭系灰岩、白垩系泥质粉砂岩及砂砾岩。现自上至下分别描述其分布及其工程地质特征：

1. 素填土

为素填土，局部为杂填土，分布于场地大部分地段，层厚2.0~7.5米，平均厚度4.14米。棕红、灰褐、黄褐等色，主要为黏性土及砂性土回填而成，局部填砼块、砖块等建筑垃圾，少量钻孔中该层夹生活垃圾。

2. 冲（洪）积层(Q4al+pl)第四系冲积层

据颗粒成份、空间位置关系和土的工程特征分为六个亚层：

（1）流塑淤泥：场地内几乎均有分布，其中在少量钻孔中呈双层分布，层面标高-6.13~9.30米，层面埋深2.00~15.90米，层厚0.50~12.10米，平均厚度4.11米，土样天然状态呈灰黑色，以黏粒为主，局部夹少量粉细砂，饱和，呈流塑状态为主。

（2）粉细砂：呈零星分布，层面标高-6.96~5.62米，层面埋深3.00~14.50米，层厚1.20~7.00米，平均层厚3.15米。土样天然状态呈灰、深灰、灰黄色，成分以石英为主，含较多黏粒，局部含较多中粗砂，饱和，呈松散~稍密状态。

（3）中粗砂：呈零星分布，层面标高-13.36~6.44米，层面埋深3.1~22.70米，层厚0.9~4.7米，平均层厚3.07米。土样天然状态呈灰、黄褐等色，成分以石英为主，局部含较多粉细砂和砾砂，饱和，呈稍密状态。

（4）砾砂：呈零星分布，层面标高-6.42~-0.80米，层面埋深9.60~14.80米，层厚2.20~3.30米，平均层厚2.70米。土样天然状态呈灰黄、黄褐等色，成分以石英为主，局部含较多黏粒，饱和，呈稍密状态。

（5）软塑粉质黏土：分区域有分布，层面标高-4.18~5.54米，层面埋深4.00~12.10米，层厚1.1~8.10米，平均层厚3.53米。土样天然状态呈灰、灰黄、黄褐、深灰等色，主要由粉黏粒组成，局部含少量粉细砂，湿，呈软塑状态。

（6）可塑粉质黏土＜2-6＞：几乎均有分布，其中，在部分钻孔中呈双层分布。层面标高-7.05~4.40米，层面埋深4.00~15.50米，层厚1.10~13.50米，平均层厚4.97米。土样天然状态呈灰色、灰黄、棕红、黄褐等色，以粉黏粒为主，部分钻孔局部含较多粉细砂及少量中粗砂、砾砂，湿，呈可塑状态为主。

3. 残积层

据土样天然稠度状态又可分为三个亚层。

（1）软塑粉质黏土：呈零星分布，呈透镜体状。层面标高-17.67~-4.42米，层面埋深13.10~26.80米，层厚0.90~5.50米，平均层厚3.17米。土样天然状态呈黄褐色，为灰岩风化残积土，以粉黏粒为主，湿，呈软塑状态。

（2）可塑粉质粘土：较多区域有分布。层面标高-10.55~0.04米，层面埋深9.40~18.60米，层厚0.80~10.20米，平均层厚3.45米。土样天然状态呈深灰、黄褐色，为灰岩和泥质粉砂岩风化残积土，以粉黏粒为主，含大量风化岩碎屑，湿，呈可塑状态为主。

（3）硬塑粉质粘土：呈零星分布。层面标高-3.99~-3.72米，层面埋深12.20~12.40米，层厚1.90~11.10米，平均层厚6.40米。土样天然状态呈棕红色、灰、灰褐色、黄褐等色，为灰岩和泥质粉砂岩风化残积土，以粉黏粒为主，稍湿，呈硬塑状态为主，局部呈坚硬土状。

4. 岩层

据揭露深度，根据风化程度将岩层分为全风化、强风化、中风化、微风化，岩性特征分述如下：

（1）全风化泥质粉砂岩：棕红色，原岩结构基本破坏，但尚可辨认，岩芯已风化成坚硬土柱状，遇水易软化、崩解，属极软岩，岩体极破碎。在场地内呈零星分布，层面标高为-14.17~-3.77米，层面埋深12.60~23.00米，层厚3.00~5.00米，平均层厚为4.00米。

（2）全风化砂砾岩：棕红色，原岩结构基本破坏，但尚可辨认，岩芯已风化成坚硬土柱状，遇水易软化，崩解，属极软岩，岩体极破碎。在场地内呈零星分布。层面标高为-3.00米，层面埋深11.80米，层厚9.70米。

（3）强风化灰岩：深灰、灰白色，岩石组织结构已大部分破坏，但尚可清晰辨认，矿物成分已显著变化，风化裂隙、节理较发育，岩芯呈半岩半土状，局部块状，遇水易软化，崩解，属极软岩，岩体极破碎。在场地内呈零星分布，层面标高为-30.29～-7.65 米，层面埋深 16.00~39.00 米，层厚 1.30~2.90 米，平均层厚为 2.05 米。

（4）强风化泥质粉砂岩：棕红、灰褐色，岩石组织结构已大部分破坏，但尚可清晰辨认，矿物成分已显著变化，风化裂隙、节理较发育，岩芯呈半岩半土状，局部块状和短柱状，遇水易软化，崩解，属极软岩，岩体极破碎。在场地内呈零星分布，层面标高为-24.10～-3.10 米，层面埋深 11.50~32.90 米，层厚 1.30~17.20 米，平均层厚为 5.57 米。

（5）强风化砂砾岩：棕红、灰褐、灰黄色，岩石组织结构已大部分破坏，但尚可清晰辨认，矿物成分已显著变化，风化裂隙、节理较发育，岩芯呈半岩半土状，局部块状，遇水易软化，崩解，属极软岩，岩体极破碎。在场地内呈零星分布，层面标高为-22.29～-4.79 米，层面埋深 13.50~31.00 米，层厚 0.90~19.60 米，平均层厚为 5.36 米。

（6）中风化灰岩：灰白、灰色，隐晶质结构，层状构造，裂隙节理发育，岩体破碎，岩芯多呈碎块状，少数呈短柱~长柱状，部分钻孔该层溶蚀发育，个别钻孔该层岩芯溶蚀呈半边状。在场地内较多区域有分布，其中，部分钻孔中该层呈双层或多层分布。层面标高为-48.65～-4.63 米，层面埋深 13.20~57.00 米，层厚 0.10~9.90 米，平均层厚为 1.31 米。

（7）中风化泥质粉砂岩：棕红色、灰色，粉粒结构，层状构造，泥质胶结为主，局部裂隙节理发育，岩芯多呈块状~短柱状，少数呈长柱状。在场地内零星分布，层面标高为-27.75～-4.96 米，层面埋深 13.5~36.3 米，层厚 0.8~5.50 米，平均层厚为 3.46 米。

（8）中风化砂砾岩：棕红、灰色，砾状结构，层状构造，泥质、钙质胶结，胶结一般，局部夹中风化泥质粉砂岩薄层。裂隙节理发育，岩体破碎，岩芯多呈块状~短柱状。在场地内零星分布，层面标高为-48.10~-12.45 米，层面埋深 21.0~56.90 米，层厚 0.50~6.70 米，平均层厚为 3.17 米。

（9）微风化灰岩：灰白、灰色，隐晶质结构，中厚层状构造，矿物成分以方解石为主，多数钻孔该层岩体较完整，岩芯多呈短柱~长柱状，个别钻孔该层岩芯可见溶蚀痕迹。在场地内大部分范围有分布，层面标高-53.65~-4.08 米，层面埋深 12.70~62.00 米。

（10）微风化泥质粉砂岩：棕红色、灰色，粉粒结构，层状构造，泥质胶结为主，岩芯较完整，多呈长柱状。在场地内呈零星分布，层面标高-32.30~-9.90米，层面埋深18.30~40.20米。

（11）微风化砂砾岩：棕红、灰色，砾状结构，层状构造，泥质、钙质胶结，局部胶结一般，岩芯多呈长柱状，少量呈短柱状，局部夹杂中风化薄层及微风化泥质粉砂岩。在场地内零星分布，层面标高-33.80~-9.29米，层面埋深18.00~41.70米。

（12）土洞：本次钻探142个钻孔中1个钻孔揭露到土洞（ZK103'），土洞顶埋深16.2米，洞高5.0米，无充填。

（13）溶洞：本次钻探142个钻孔中84个钻孔共揭露到120个溶洞，部分钻孔中呈串珠状。其中溶洞顶埋深13.80~39.60米，顶板厚度0.10~5.50米，平均厚度0.95米，洞高0.10~17.00米，多数溶洞充填或半充填软塑黏性土，少量溶洞无充填。

（14）构造角砾岩：灰黑，为母岩在构造作用下破碎并重新胶结而成。母岩以灰岩为主，局部母岩为泥质粉砂岩，角砾呈棱角形，粒径为1~20厘米，胶结较差~一般，岩芯多呈碎块状，局部可见构造挤压痕迹，手掰易碎，遇水易散。在场地西面分布，层面标高为-41.30~-5.25米，层面埋深14.20~50.10米，层厚4.50~35.30米，平均层厚为12.85米。

4.1.3 金沙洲水文情况

1. 地下水类型及赋存与补给

（1）上层滞水，主要赋存于填土中，补给来源主要靠大气降水，补给量受季节的影响明显。

（2）孔隙水，主要在填土和砂层中，补给来源主要靠大气降水、附近珠江西航道等地表水补给，补给量受季节的影响明显。部分砂层中的地下水具有承压性。

（3）岩层中的裂隙水，与基岩的裂隙发育及其连通性有关，主要的补给来源为大气降水及相邻含水层越流补给，补给量受岩体破碎程度及范围的影响明显。

（4）岩溶水，主要含水层为灰岩，本场地揭示的岩溶发育在下伏岩层中，上面覆盖有冲（洪）积土层或残积土层，厚度较大，透水性差，一定程度上起到了隔水作用。因此，岩溶水具有承压性。岩溶水水量大小与溶洞大小、充填性、连通性有密切关系。本场地岩溶发育，应引起重视。

2. 地下水量

本场地的孔隙水主要赋存和运移于冲（洪）积成因的砂层中，透水性较好，但由于场地内揭露的砂层较少，层厚不大，且多呈透镜体。因此预计孔隙水水量不大；此外，人工填土层含有一定的上层滞水；由于场地风化岩裂隙很发育，估计基岩也含一定的裂隙水；本场地岩溶强发育，估计裂隙岩溶水水量较丰富，揭穿时瞬间水量可能较大。场区地下水主要补给来源为大气降水及地表水。

4.2 成立评价小组

由本课题组3名专家和金沙洲项目部项目经理、技术负责人、安全总监组成评价小组，对施工现场安全情况进行摸排。搜集金沙洲建设项目现场安全管理情况、安全制度执行情况、相关施工方案、周边管线构建物等基本情况。

4.3 评估流程

4.3.1 风险辨识

遵循“大小适中、便于分类、功能独立、易于管理、范围清晰”的原则，评价小组采取头脑风暴法将高层建筑施工过程的风险点进行合理的划分，力图涵盖地基与基础工程、主体结构工程、装饰装修工程及屋面工程四部分所有常规和非常规状态的作业活动。在风险点划分的基础上，组织专家对施工现场办公区、生活区、作业区及周边建筑物、构筑物等可能导致事故风险的物理实体、作业环境、作业空间、作业行为、管理情况等进行排查。最终在上述工作的基础上，按照“分部工程—子分部工程—分项工程—施工工序”的逻辑顺序逐级分解各项施工作业的施工工序，明确典型事故类型。

4.3.2 风险分析

通过对既有的事故案例、工程经验及国家相关法律规范的要求的梳理分析，将高层建筑施工中每一施工工序中可能存在的致险因素按人、物、环、管四个方面进行分类，并形成高层建筑施工风险辨识清单。

4.3.3 风险评估

首先运用定性初筛法风险评估对象进行初步筛选，确定可忽略的风险筛出；接着运用RIF法对风险事故发生的可能性及严重程度进行数量估算，最终运用风险矩阵法确定风险事件的风险等级。具体流程见图4-2。

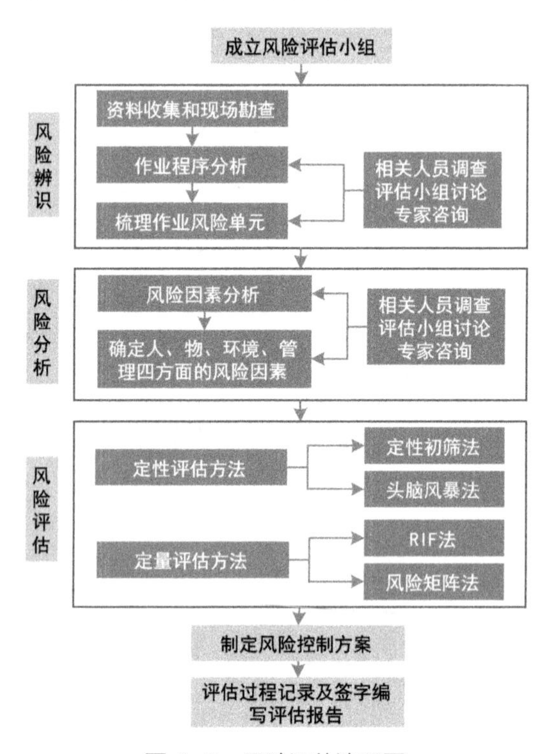

图4-2 风险评估流程图

4.4 基于RIF法的高层建筑施工安全风险评估

评价小组将本次评估过程分为两个阶段，第一阶段为定性初筛，第二阶段为定量评估。其中第一阶段目的是根据所确定的指标直接将可忽略的风险进行一次筛出，第二阶段则使用RIF法和风险矩阵法对定性初筛的后剩余风险进行评价。为保证本次评价条理清晰、思路明确，对所有分项工程或作业活动逐个进行评价，现以“基坑开挖”为例进行风险评估。

4.4.1 定性分析

针对“基坑开挖”风险事件，根据以下定性筛选指标，初步判断该风险是否为较大及以上安全生产分险。筛选指标如下，满足其中任一条，定性为较大及以上安全生产风险。

（1）存在特种作业的。

（2）人机配合密度较高的作业。

（3）采用新技术、新工艺、新设备、新材料的作业。

（4）曾经发生过风险事故的作业或类似作业。

（5）引发风险事件的频率较高且难以控制的作业。

（6）引发风险事件的频率较低但后果严重的作业。

（7）专家共认的高风险作业。

根据定性粗筛法，基坑开挖作业符合以上筛选指标①②④⑤，所以基坑开挖作业可被定性为一般及以上安全生产风险，需进一步定量分析其风险等级。

4.4.2 定量分析

1. 确定一级指标权重系数

（1）建立风险评估对象的递阶层次结构。在前文风险辨识基础上，以人的因素、物的因素、管理因素、环境因素四个致险因素为一级指标，通过合并、删除等方式得到10项高层建筑施工二级指标，如图4-3所示：

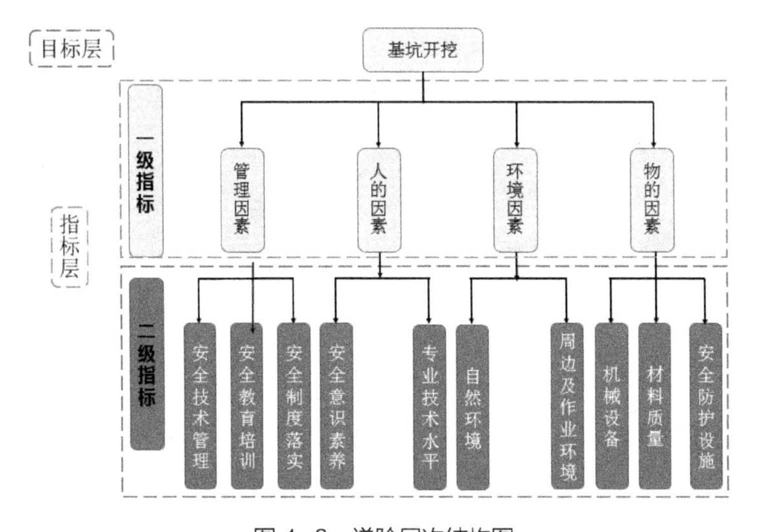

图4-3 递阶层次结构图

（2）构建一级指标权重系数的判断矩阵。根据高层建筑施工实际情况，以问卷调查的方式问询5位建筑施工领域专家（施工现场项目经理、技术负责人、安全总监等），对风险事件的一级评价指标进行权重系数打分，最终构造基坑开挖一级指标的比较判断矩阵，以一号专家的打分为例，其权重打分表如下所示：

表4-1　一级指标权重打分表

	人	物	环	管
人	1	1/4	1/3	1/8
物	4	1	5	1/2
环	3	1/5	1	1/7
管	8	2	7	1

该专家的一级指标权重系数判断矩阵：

$$a=\begin{bmatrix}1 & 1/4 & 1/3 & 1/8\\ 4 & 1 & 5 & 1/2\\ 3 & 1/5 & 1 & 1/7\\ 8 & 2 & 7 & 1\end{bmatrix}$$

用MATLAB求出a矩阵的特征向量、一致性比率，其编程语言见附录三。

特征向量：Q=（0.0577, 0.2994, 0.1003, 0.5426）

一致性比率：C.R=0.0693 < 0.1

因为C.R < 0.1，判断矩阵通过一致性，即表明该组数据为有效数据。同理，计算得其他4位专家的打分结果均符合一致性检验。

（3）确定四项评估因素的权重系数。选取以上有效数据做进一步计算，将权重系数计算平均值，则能够得到四项评估因素的权重系数：

Q=（0.1386，0.2473，0.1542，0.4599）

2. 确定风险影响因素取值

（1）二级影响因素权重及风险发生可能性赋值。邀请5名建筑领域的专家按照表3-7、表3-8给基坑开挖二级指标权重及其导致事故发生可能性进行打分，具体打分见表4-2。

表4-2 基坑开挖二级指标权重、事故发生可能性专家打分表

目标层	一级指标	二级指标	专家打分		
			序号	二级指标权重	风险发生可能性
基坑开挖	人	安全意识素养	1	0.6	7.4
			2	0.5	5.9
			3	0.6	6.7
			4	0.5	5.8
			5	0.6	6.8
		专业技术水平	1	0.5	5.6
			2	0.4	4.8
			3	0.5	5.8
			4	0.5	6.3
			5	0.6	7.0
	物	机械设备	1	0.7	7.9
			2	0.5	6.5
			3	0.5	5.5
			4	0.6	6.7
			5	0.5	5.9
		材料质量	1	0.4	4.8
			2	0.6	6.7
			3	0.4	4.8
			4	0.4	5.7
			5	0.5	6.3
		安全防护设施	1	0.8	8.6
			2	0.8	8.5
			3	0.6	6.8
			4	0.7	7.8
			5	0.7	7.3

续表

目标层	一级指标	二级指标	专家打分		
			序号	二级指标权重	风险发生可能性
基坑开挖	环境	自然环境	1	0.8	8.5
			2	0.9	9.5
			3	0.8	8.6
			4	0.8	7.9
			5	0.7	7.9
		周边及作业环境	1	0.7	7.3
			2	0.6	6.3
			3	0.6	6.8
			4	0.6	6.3
			5	0.8	8.9
	管理	安全技术管理	1	0.6	6.5
			2	0.6	7.1
			3	0.8	8.5
			4	0.9	9.3
			5	0.9	9.6
		安全教育培训	1	0.9	9.5
			2	0.8	8.5
			3	0.7	7.3
			4	0.7	7.7
			5	0.7	7.8
		安全制度管理	1	0.8	8.9
			2	0.6	6.6
			3	0.6	7.8
			4	0.7	7.4
			5	0.6	6.5

（2）权重矩阵。根据表 4-2 中专家对二级指标的权重打分，通过对各个专家赋分求平均的方式得到各二级因素的权重：

$$X_A = \begin{bmatrix} 0.56 & 0.5 \end{bmatrix}$$

$$X_B = \begin{bmatrix} 0.56 & 0.46 & 0.72 \end{bmatrix}$$

$$X_C = \begin{bmatrix} 0.8 & 0.66 \end{bmatrix}$$

$$X_D = \begin{bmatrix} 0.76 & 0.76 & 0.66 \end{bmatrix}$$

（3）风险发生可能性评价矩阵。根据表 4-2 中专家对二级指标的风险发生可能性打分，可得各致险因素样本评价矩阵：

$$U_A = \begin{bmatrix} 7.4 & 5.6 \\ 5.9 & 4.8 \\ 6.7 & 5.8 \\ 5.8 & 6.3 \\ 6.8 & 7.0 \end{bmatrix}$$

$$U_B = \begin{bmatrix} 7.9 & 4.8 & 8.6 \\ 6.5 & 6.7 & 8.5 \\ 5.5 & 4.8 & 6.8 \\ 6.7 & 5.7 & 7.8 \\ 5.9 & 6.3 & 7.3 \end{bmatrix}$$

$$U_C = \begin{bmatrix} 8.5 & 7.3 \\ 9.5 & 6.3 \\ 8.6 & 6.8 \\ 7.9 & 6.3 \\ 7.9 & 8.9 \end{bmatrix}$$

（4）灰类评估权重矩阵。以专家样本评价矩阵为基础，采取灰色系统理论对样本评价矩阵进行处理，最终得到各一级评估指标的评价权重矩阵，采用 MATLAB 软件进行相关计算（编程语言见附录三），各致险因素的评价权重矩阵如下所示：

$$V_A = \begin{bmatrix} 0.3084 & 0.3868 & 0.2963 & 0.0085 & 0 \\ 0.2706 & 0.3479 & 0.3319 & 0.0495 & 0 \end{bmatrix}$$

$$V_B = \begin{bmatrix} 0.3087 & 0.3749 & 0.2992 & 0.0171 & 0 \\ 0.2563 & 0.3296 & 0.3407 & 0.0734 & 0 \\ 0.3974 & 0.4009 & 0.2017 & 0 & 0 \end{bmatrix}$$

$$V_C = \begin{bmatrix} 0.4601 & 0.3897 & 0.1502 & 0 & 0 \\ 0.3503 & 0.3947 & 0.2550 & 0 & 0 \end{bmatrix}$$

$$V_D = \begin{bmatrix} 0.4345 & 0.3900 & 0.1755 & 0 & 0 \\ 0.4269 & 0.3977 & 0.1754 & 0 & 0 \\ 0.3716 & 0.3982 & 0.2302 & 0 & 0 \end{bmatrix}$$

（5）风险影响因素取值。由公式$W_A=V_A \cdot X_A$求得

W_A=（0.3080，0.3906，0.3319，0.0295，0）

同理求得

W_B=（0.5769，0.6502，0.4696，0.0433，0）

W_C=（0.5993，0.5722，0.2885，0，0）

W_D=（0.8999，0.8615，0.4186，0，0）

将计算结果中与风险等级W=（9，7，5，3，1）进行对比，按照最大隶属度原则，计算结果中比重最大项所对应的风险等级取值即为各影响因素的取值。综上所述，人、物、环境、管理风险发生可能性取值分别为7、7、9、9。

（6）风险发生可能性等级。由式3-1可得，基坑开挖风险发生可能性P=8.2282，查表3-8可得基坑开挖风险发生可能性等级为I级。

（7）风险损失等级。通过问卷调查的形式，让5位专家或一线工作人员结合金沙洲自身应急管理状况，从人员伤亡、直接经济损失、环境影响三个角度对基坑开挖进行风险后果评估，以所有专家评估结果的中位数作为评估基坑开挖风险损失等级。在进行风险损失等级划分时，取三个方面风险损失最大值的等级为最终的风险损失等级。

5位专家的关于人员伤亡、直接经济损失、环境影响三方面评估的中位数分别是II、III、IV级，基坑开挖风险损失的最终取值为II级。

（8）风险等级。参考表3-13，可知基坑开挖风险等级为I级（重大风险），

必须高度重视采取有效的预防控制措施将风险等级降低到Ⅱ级及以下水平。

4.5 评估结论

本章使用前文构建的高层建筑施工安全风险评价模型，对金沙洲施工过程 37 个风险评估对象进行风险评估，其中一级风险 4 个，分别为：基坑开挖、模板工程、脚手架工程、塔吊安拆及作业；二级风险 7 个，分别为长螺旋压灌桩施工、土钉墙施工、基坑排水降水、钢筋工程、混凝土工程、施工电梯安拆及作业、临时用电；三级风险 16 个，分别为承台施工、钻孔灌注围护桩施工、搅拌桩止水帷幕施工、预应力锚索支护、冠梁施工、边坡施工、土方运输与堆放、土方回填、地下防水施工、填充墙砌体施工、外墙砂浆防水、找坡层和找平层施工、临建房屋、现场围挡施工、施工机具、物料提升机安拆及作业；四级风险 8 个，分别为基层铺设、一般抹灰、装饰抹灰、金属门窗安装、特种门安装、玻璃、金属幕墙安装、水性涂料涂饰施工、保温与隔热施工、屋面防水与密封施工、食堂食物卫生。

金沙洲高层建筑施工过程中的 37 项作业的风险评估结果见附表五。

第5章

高层建筑施工安全风险分级管控体系研究

为了着力解决广州市建轩资产管理有限公司建设项目施工过程存在的薄弱环节和突出问题，建立精准、动态、高效、严格的安全生产风险分级管控体系，全面辨识、评估安全风险，落实施工企业风险分级管控主体责任，采取有效措施控制安全生产风险，形成点、线、面有机结合的建筑业安全生产风险分级管控体系，实现关口前移、精准监管、源头治理、科学预防，从根本上防范生产安全事故发生。本章对高层建筑施工安全风险分级管控体系进行了系统性的研究；以金沙洲建设项目为依托，提出了主要风险源的分级管控措施。

5.1 高层建筑施工风险分级管控总体要求

（1）施工单位是建设项目安全生产风险分级管控的责任主体，应建立适合本企业的安全生产风险分级管控体系和有效运行的管理制度，确保体系建设及运行目标的实现。

（2）施工单位应建立项目经理牵头的安全生产风险管控工作小组，全面负责隐患排查治理的研究、统筹、协调、指导等工作。

（3）风险管控工作小组由项目经理任组长，成员至少包括项目技术负责人、安全负责人、施工员、机械员、班组长等部门负责人。项目部各岗位管理人员、作业人员应全员参与风险分级管控活动的实施中，确保风险分级管控活动涉及工程项目的各区域、场所、岗位、各项作业活动和管理活动，确保施工现场风险源辨识的全面性、时效性。

（4）应遵照“全员参与、分级负责；自主建设、持续改进；系统规范、融合深化；注重实际、强化过程；激励约束、重在落实 ”的原则，确保风险分级管控体系建设的适用性、针对性、操作性和有效性。

5.2 各参建单位风险管控职责

5.2.1 建设单位

（1）对工程项目风险分级管控负总体牵头与统一管理责任。

（2）建设单位应督促施工单位落实风险管控责任，督促监理单位落实安全监理责任，提高现场风险管控标准。

（3）对未采取有效措施的，应责令停工整改，拒不停工整改的，应及时向属地建设行政主管部门报告。

5.2.2 监理单位

（1）监理单位对工程项目风险分级管控负监理责任。

（2）监理单位应建立项目风险管控措施核查验收制度，重点核查危大工程安全专项施工方案、设施设备和人员到岗履职、监控监测、预警应急等安全管理情况，并做好检查记录。

（3）对风险管控措施落实不到位的，监理单位应及时下达停工整改指令，拒不停工整改的，应及时向属地建设行政主管部门报告。

5.2.3 施工单位

1. 施工企业

（1）施工企业风险管控领导小组负责对项目部安全生产风险分级管控小组的工作进行监督指导。

（2）施工企业应掌握项目风险的分布情况、可能后果、控制措施及可能存在的隐患。

（3）负责督促公司各项目部落实相应的管控措施，切实降低安全风险及时制定更新企业《安全生产风险分级管控清单》。

（4）企业负责对一级风险进行管控。

2. 项目部

（1）项目风险管控工作小组负责项目风险分级管控体系的建立与运行，负责对施工作业班组风险分级管控进行监督指导。

（2）项目部应建立风险分级管控制度，明确各部门、各岗位的风险管控职责。

（3）项目部应掌握本项目部风险的分布情况、可能后果、控制措施及可能存在的隐患。

（4）负责项目部安全生产风险评估工作的开展，对项目施工活动风险源识别、分析、评价等工作及时制定更新《安全生产风险分级管控清单》。

（5）负责对二级风险进行管控。

3. 施工作业班组

（1）负责本施工作业班组涉及的风险分级管控体系的运行，负责对施工作业人员风险分级管控进行监督指导。

（2）应掌握本施工作业班组风险的分布情况、可能后果、控制措施及可能存在的隐患。

（3）负责本施工作业班组安全生产风险评估工作的开展，对作业班组施工活动发现的风险源及时上报项目部。

（4）负责对三级风险进行管控。

（5）对本班组作业人员的施工作业活动进行风险管控交底。

4. 施工作业人员

（1）应掌握本岗位涉及的风险的分布情况、可能后果、控制措施及可能存在的隐患。

（2）对本岗位施工活动发现的风险源及时上报施工作业班组。

（3）负责对四级风险进行管控。

5.3 风险分级管控工作程序

风险分级管控工作程序主要包括：风险点确定、危险源辨识、风险评价、编制清单、制定措施、管控实施、验证效果、文件管理、持续改进九个关键控制环节。施工单位应对风险分级管控过程的每一个环节，制定相应的标准、方法、步骤及要求，有组织地有序开展。具体风险分级管控工作程序如图5-1所示：

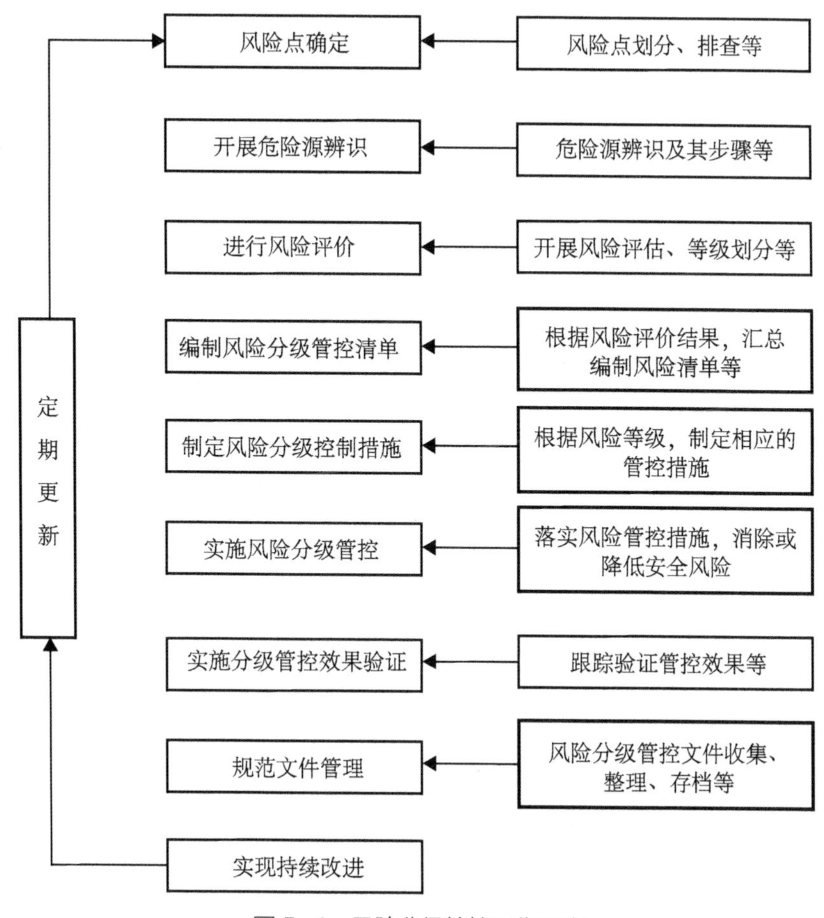

图5-1　风险分级管控工作程序

5.3.1　风险点的确定

1. 风险点划分

风险点划分应遵循“大小适中、便于分类、功能独立、易于管理、范围清晰”的原则，涵盖高层建筑施工活动全过程所有常规和非常规状态的作业活动。施工单位可根据自身的管理方式、方法、经验，采用一种或多种方法对风险点进行划分。结合高层建筑施工特点，课题组推荐如下四种划分方法：

（1）根据风险点的区域、场所、部位等作业环境因素划分，如施工现场功能区的划分、现场周围建筑物构筑物情况、外电防护情况、地质岩土情况、基坑周边市政工程分布情况等。

（2）根据风险点的设备、设施、材料等物的状态因素划分，如起重机械安全保险装置完好程度、脚手架管材质量情况、安全防护棚的搭设情况等。

（3）根据作业人员及相关人员的行为等人的行为因素划分，如影响高处作业的职业禁忌、个人防护用品的佩戴使用、特种作业人员持证上岗情况等。

（4）根据企业管理体系建设及管理制度执行情况等管理因素划分，如安全检查隐患排查制度建立执行情况、教育培训制度落实情况、领导带班值班情况等。

2. 风险点排查

通过对施工现场办公区、生活区、作业区及周边建筑物、构筑物等可能导致事故风险的物理实体、作业环境、作业空间、作业行为、管理情况等进行排查，明确项目部风险管控重点。如实建立风险点排查台账，实现“一项目一册”，台账信息应包括：风险点名称、风险点位置、风险点范围、潜在事故类型、事故危害程度、风险点风险等级、管控层级、管控措施、应急处置要求等信息。

5.3.2 风险辨识与评价

1. 危险源识别的内容

（1）危险源辨识的范围，应覆盖施工现场所有的作业活动，包括施工现场的办公区、生活区、作业区及周边建筑物、构筑物或其他设施。

（2）危险源辨识还应重点考虑以下因素：

①常规和非常规施工作业活动。

②所有进入施工现场的人员（包括建设单位人员、监理单位人员、施工总承包单位人员及专业分包人员、工程来访人员等）的活动。

③施工作业人员的行为、能力和其他人的因素（包括工序交接前后产生的危险源）。

④在施工现场附近，由施工作业活动所产生的危险源（包括周边配送电线路、周边构筑物、市政工程等）。

2. 危险源辨识方法及途径

施工现场风险辨识的方法很多，建筑施工企业应根据各自的实际情况选择使用，以下是常用的两种方法：

（1）工作危害分析法（JHA）：工作危害分析法是一种定性的风险分析辨识方法，它是基于作业活动的一种风险辨识技术，用来进行人的不安全行为、物的不安全状态、环境的不安全因素及管理缺陷等的有效识别。即先把整个施工作业活动划分成多个施工工序，将每个施工工序中的危险源找出来，并判断其

在现有安全控制措施条件下可能导致的事故类型及其后果。若现有安全控制措施不能满足安全施工的需要，应制定新的安全控制措施以保证安全施工；危险性仍然较大时，还应将其列为重点对象加强管控，必要时还应制定应急处置措施加以保障，从而将风险降低至可以接受的水平。

（2）安全检查表分析法（SCL）：安全检查表法是一种定性的风险分析辨识方法，是将一系列项目列出检查表进行分析，以确定施工现场及周边构筑物的状态是否符合安全要求，通过检查发现建筑施工过程中存在的风险，提出改进措施的一种方法。安全检查表的编制主要是依据以下四个方面的内容：

①国家、地方的建筑施工有关安全法规、规定、规程、规范和标准，行业、企业的规章制度、标准及企业安全生产操作规程。

②国内外建筑行业、建筑施工企业事故统计案例，经验教训。

③建筑行业及企业安全生产的经验，特别是本企业安全生产的实践经验，引发事故的各种潜在不安全因素及成功杜绝或减少事故发生的成功经验。

④系统安全分析的结果，如采用事故树分析方法找出的不安全因素，或作为防止事故控制点源列入检查表。

3. 风险评价

风险评价应满足以下要求，以确保其科学合理性：

（1）在危险源充分辨识的基础上，对其危害程度即风险进行评价。

（2）根据评价结果确定风险等级，制定管控措施。

（3）风险评价应为确定设施要求、培训需求和运行控制提供信息，为管控目标、指标和管理方案提供依据。

（4）风险评价结果应形成文件，作为企业建立和保持职业健康安全管理体系中各项决策的基础，为持续改进企业的职业健康安全管理绩效提供衡量的基准。

根据第三章中的RIF分析法得出的评估结果，按照从高到低的原则划分为一、二、三、四等四个风险级别：

（1）一级风险，即重大风险，意指现场的作业条件或作业环境非常危险，现场的风险源多且难以控制，如继续施工，极易引发群死群伤事故，或造成重大经济损失。

（2）二级风险，即较大风险，意指现场的施工条件或作业环境处于一种不安全状态，现场的风险源较多且管控难度较大，如继续施工，极易引发一般生产安全事故，或造成较大经济损失。

（3）三级风险，即一般风险，意指现场的风险基本可控，但依然存在着导致生产安全事故的诱因，如继续施工，可能会引发人员伤亡事故，或造成一定的经济损失。

（4）四级风险，即低风险，意指现场所存在的风险基本可控，如继续施工，可能会导致人员伤害或造成一定的经济损失，但风险损失较小。

施工单位可以对划定的风险级别实行提级管理，对有下列情形的，风险等级提高一级，直至提至一级风险：

（1）年内发生过生产安全事故，导致发生人员死亡事故的。

（2）年内受到过行政处罚或因现场安全管理不善被行业管理部门记入不良行为的。

（3）对发现的重大事故隐患没有采取治理措施或对重大事故隐患整改不到位的。

（4）随着施工工序、工法、工艺的变化，风险等级急剧增加的。

（5）受天气、环境等自然条件影响，需要提级管理的。

（6）其他需要实行提级管理情形的。

5.3.3 编制风险分级管控清单

施工单位应在每一轮风险辨识和评价后，编制包括全部风险点各类风险信息的风险分级管控清单，且应当根据建设项目复杂程度及时更新风险分级管控清单。

工程项目部应当在开工前，对风险进行辨识和评价，编制风险分级管控清单，并随着工程进度情况及时更新。风险分级管控清单如表 5-1 所示：

表 5-1　风险分级管控清单

序号	分部分项工程/部位	致险因素				风险等级	责任部门	主要负责人		分管安全负责人		部门负责人		现场负责人	
		人的不安全行为	物的不安全状态	管理因素	环境因素			检查人员	检查周期	检查人员	检查周期	检查人员	检查周期	检查人员	检查周期

5.3.4 风险分级管控措施

1. 风险管控措施的主要内容

施工单位在建立分级风险分级管控体系时，宜遵照系统工程原理，对每一个风险点覆盖或包括的危险源根据风险等级的不同，按照消除措施、替代措施、工程技术措施、管理措施、培训教育措施、警告或标识措施、个体防护措施和应急处置措施等八个逻辑层次逐一考虑，制定相应的实施风险管控措施。风险分级管控常用的措施有重大危险源管理制度、风险告知、专项施工方案、安全技术交底、班前教育、监理旁站等，施工企业可根据风险严重程度和危害大小对不同等级的风险采用上述多项管控措施进行综合管控。

2. 重大风险源管理制度

为加强对施工现场重大风险源的监控，保证项目建设的正常秩序，施工单位应根据项目和企业实际，制定重大风险源管理制度（包含不局限以下条目）：

（1）项目部应加强对重大风险源的控制与管理，制定重大风险源的管理制度，建立施工现场重大风险源的辨识、登记、公示、控制管理体系，明确具体责任，认真组织实施。

（2）对存在重大风险源的分部分项工程，项目部在施工前必须编制专项施工方案，专项施工方案除应有切实可行的安全技术措施外，还应当包括监控措施、应急预案及紧急救护措施等内容。

（3）专项施工方案由项目部技术部门的专业技术人员及监理单位安全专业监理工程师进行审核，由项目部技术负责人、监理单位总监理工程师签字。

（4）对存在重大危险部位的施工，项目部按专项施工方案，由工程技术人员严格进行技术交底，并有书面记录和签字，确保作业人员清楚掌握施工方案的技术要领。重大危险部位的施工应按方案实施，凡涉及验收的项目，方案编制人员应参加验收，并及时形成验收记录。

（5）项目部对从事重大危险部位施工作业的施工队伍、特种作业人员进行登记造册，掌握作业队伍，采取有效措施。在作业活动中对作业人员进行管理，控制和分析的不安全行为。

（6）项目部根据工程特点和施工范围，对施工过程进行安全分析，对分部分项、各道工序、各个环节可能发生的危险因素及物体的不安全状态进行辨识，登记、汇总重大风险源明细，制定相关的控制措施，对施工现场重大风险源部位进行环节控制，并公示控制的项目、部位、环节及内容等，以及可能发生事故的类别、对风险源采取的防护设施情况及防护设施的状态，责任落实到人。

（7）项目部、项目工程部应将重大风险源公示项目作为每天施工前对施工人员安全交底的内容，提高作业人员防范能力，规范安全行为。

（8）安全管理部门应对重大风险源专项施工方案进行审核，对施工现场重大风险源的辨识、登记、公示、控制情况进行监督管理，对重大危险部位作业进行旁站监理。对旁站过程中发现的安全隐患及时开具监理通知单，问题严重的，有权停止施工。对整改不力或拒绝整改的，应及时将有关情况报当地建设行政主管部门或建设工程安全监督管理机构。

（9）项目部要保证用于重大风险源防护措施所需的费用及时划拨；施工单位要将施工现场重大风险源的安全防护、文明施工措施费单独列支，保证专款专用。

（10）项目部应对施工项目建立重大风险源施工档案，每周组织有关人员对施工现场重大风险源进行安全检查，并做好施工安全检查记录。

（11）各级主管部门或工程安全监督管理机构应对施工现场的重大风险源重点管理，进行定期或不定期专项检查。重点检查重大风险源管理制度的建立和实施；检查专项施工方案的编制、审批、交底和过程控制；检查现场实物与内业资料的相符性。

（12）各级主管部门或工程安全监督管理机构和项目监理单位，应把施工单位对重大风险源的监控及施工情况作为工程项目安全生产阶段性评价的一项重要内容，落实控制措施，保证工程项目安全生产。

3. 风险告知

施工单位应建立安全风险告知制度，对风险等级达到一级、二级的重大风险源进行公示。在工程项目醒目位置和重点区域应分别设置安全风险公示牌和标示牌；存在重大安全风险的工作场所和岗位设置警示标志，并强化风险源监测与预警；此外，还可在高层建筑施工安全管理平台和相应App上发布各建设项目分风险源。告知内容应包括主要安全风险、可能引发事故类别、典型后果、风险级别、控制措施。

根据风险分级管控清单将设备设施、施工作业过程中存在的风险与应采取的管控措施，通过安全教育培训、安全技术交底等方式告知作业人员和相关方，使其掌握规避风险的措施并落实到位。

4. 专项施工方案

凡含有一级、二级风险的分部、分项工程施工前，均应按规定编制专项施工方案。

专项施工方案应由施工企业专业技术人员进行编制，由施工企业技术负责人组织施工、技术、设备、安全、质量等部门的专业技术人员进行审核。

由专业公司承包施工的起重机械设备安拆、基础基坑、附着式升降脚手架、建筑幕墙、钢结构等专业工程的专项施工方案应由专业承包单位组织编制，报施工单位审查后，由施工单位报监理单位审核批准后实施。

超过一定规模的、危险性较大的分部、分项工程专项施工方案应进行专家论证。

5. 安全技术交底

分部、分项工程施工前或有特殊风险项目作业前，都应由施工单位有关技术人员对施工作业班组长、施工作业班组长对施工作业人员进行层级安全技术交底。专职安全生产管理人员应对交底情况进行监督。

安全技术交底应包括工程项目和分部、分项工程的概况；工程项目和分部、分项工程的危险部位及可能导致的生产安全事故；针对危险部位采取的具体预防措施；作业中应遵守的安全操作规程和规范及应注意的安全事项；作业人员发现事故隐患应采取的措施和发生事故后应及时采取的躲避和急救措施。

6. 班前教育

班前教育是指班组组长对本班组人员在施工作业前对施工工序、作业活动所涉及的环境、机械、技术、安全等进行详细的、有针对性的培训。班组安全培训教育的主要内容有：本班组的生产特点、作业环境、危险区域、设备状况、防护设施等。重点介绍高温、易燃易爆、高空作业、临边作业等方面可能导致发生事故的危险因素，交待本班组容易出事故的部位和典型事故案例的剖析。

班前教育应讲解本工种的安全操作规程和岗位责任，重点从思想上对施工作业人员进行安全生产交底，自觉遵守安全操作规程，不违章作业；正确使用机器设备和工具；介绍各种安全活动及作业环境的安全检查和交接班制度。发现事故隐患，应及时报告领导，采取措施。

班前教育也可以采用安全示范操作的方式。组织重视安全、技术熟练、富有经验的老工人进行安全操作示范，边示范、边讲解，重点讲安全操作要领，说明怎样操作是危险的，怎样操作是安全的，不遵守操作规程将会造成的严重后果。

5.3.5 风险管控层级

1. 风险分级管控的基本原则

风险分级管控应遵循风险越高管控层级越高的原则，对于操作难度大、技术含量高、风险等级高可能导致严重后果的作业活动应重点进行管控。上一级负责管控的风险，下一级必须同时负责管控，并逐级落实具体措施。风险管控层级可进行增加或合并，建筑施工单位应根据风险分级管控的基本原则，结合本企业机构设置情况，合理确定各级风险的管控层级。

2. 风险分级管控

施工单位应根据风险级别不同对风险采取不同的管控措施。针对不能及时整改，但有可能导致人身伤害或较大及以上事故经济损失的隐患，应立即制定临时防范措施和应急计划，并报告建设单位和安全管理部门和监理单位重点监督，同时按操作规程和事故应急预案等进行紧急处理，必要时应停止施工。

施工单位应对风险实施分级管控，对应一、二、三、四等四个级别风险，分别用“红、橙、黄、蓝 ”四种颜色标示。

（1）一级风险管控：一级风险的管控，应纳入建设单位重大安全风险监管体系，建设单位应定期巡查、监测重大风险，并检查重大安全风险管控制度、技术措施、监测监控及应急预案的落实情况。监理单位对一级风险进行旁站，监督重大安全风险管控制度、技术措施、监测监控及应急预案的落实情况，定期对施工过程发现的问题向建设单位提交周报、月报。施工单位分公司或区域公司制定一级风险的管控方案，挂牌督办，下达《一级重大隐患挂牌督办通知书》，项目部按照方案的要求实施管控。施工单位一级风险实施的管控措施应包含但不限于以下措施：

①公司安全管理部门应编制一级风险管控方案。

②工程开工前应在现场醒目位置进行重大危险源公示。

③施工前应编制专项施工方案，并按规定审批、论证和实施。

④专项方案实施前应组织安全技术交底，并开展班前教育。

⑤专项方案实施时，公司应根据管控计划派专业技术人员和企业安全管理部门人员进行检查督导。

（2）二级风险的管控：二级风险的管控，应纳入建设单位安全风险监管体系，定期巡查、监测技术措施、监测监控及应急预案的落实情况。监理单位对二级风险管控进行重点监督，定期对施工过程中发现的问题向建设单位提交周报、月报。二级风险的管控应由施工单位项目部负责组织实施，企业组织监督

指导；项目部应参照《一级风险源管控方案》，结合工程实际情况，制定项目部二级风险源管控方案。施工单位二级风险实施的管控措施应包含但不限于以下措施：

①项目部应编制二级风险管控方案。

②工程开工前应在现场醒目位置进行重大危险源公示。

③施工前应编制专项施工方案，并按规定进行审查、实施。

④专项方案实施前应组织安全技术交底，并开展班前教育。

⑤专项方案实施时，项目部技术负责人和安全员应进行检查。

（3）三级风险的管控：监理单位对三级风险管控进行监督，定期对施工过程发现的问题向建设单位提交周报、月报。三级风险的管控，由施工班组负责组织实施，项目部负责监督指导。三级风险实施的管控措施应包含但不限于以下措施：

①项目部应编制安全技术交底书，交底书应包含三级风险管控措施。

②施工前项目部应对施工班组进行安全技术交底。

③作业前施工班组长应组织班前安全教育。

④作业时专职安全员应进行巡查。

（4）四级风险管控：四级风险的管控，由施工作业人员进行实施，施工作业班组长负责监督指导。四级风险实施的管控措施应包含但不限于以下措施：

①项目部应编制安全技术交底书，交底书应包含四级风险管控措施。

②施工前项目部应对施工班组进行安全技术交底。

③作业前施工班组长应对作业人员班前安全教育。

④作业时班组长应进行检查指导。

5.3.6 文件管理

施工单位应完整保存体现风险管控过程的记录资料，并分类建档管理。至少应包括风险管控制度、风险点台账、危险源辨识与风险评价表，以及风险分级管控清单等内容的文件化成果；涉及重大风险时，其辨识、评价过程记录，风险控制措施及其实施和改进记录等，应单独建档管理。

5.3.7 分级管控的效果

通过风险分级管控体系建设，施工单位应至少在以下方面有所改进：

（1）每一轮风险辨识和评价后，应使原有管控措施得到改进，或者通过增加新的管控措施提高安全可靠性。

（2）重大风险场所、部位的警示标识得到保持和改善。

（3）涉及重大风险部位的作业、属于重大风险的作业建立了专人监护制度。

（4）员工对所从事岗位的风险有更充分的认识，安全技能和应急处置能力进一步提高。

（5）保证风险控制措施持续有效的制度得到改进和完善，风险管控能力得到加强。

（6）根据改进的风险控制措施，完善隐患排查项目清单，使隐患排查工作更有针对性。

5.3.8 持续改进

1．评审

工程项目部在新工程开工前应组织一次危险源识别、风险评价工作，以确保其适用性和有效性。每年进行一次安全生产风险分级管控评审和更新工作，评审结果的内容、结论及确定的措施等内容应做好记录。

2．更新

当出现以下情况时，施工单位应及时针对变化范围开展风险分析、更新风险信息。

（1）企业目标、要求发生变化时。

（2）法规、标准等增减、修订变化所引起风险程度的改变。

（3）发生事故后，有对事故、事件或其他信息的新认识，对相关危险源的再评价。

（4）组织机构发生重大调整。

（5）补充新辨识出的危险源评价。

（6）风险程度变化后，需要对风险控制措施的调整。

（7）已有的管控措施出现失效时。

3．沟通

施工单位应建立不同职能和层级间的内部沟通和用于与相关方的外部风险管控沟通机制及时有效传递风险信息，树立内外部风险管控信心，提高风险管控效果和效率。重大风险信息更新后应及时组织相关人员进行培训。

第6章

基于BIM技术高层建筑施工安全管理平台研究

目前，随着国家大力推进BIM技术的应用，BIM技术在现代建筑中的应用越来越广泛，基于BIM技术在施工安全管理阶段的应用也在不断地探索中。高层建筑具有高空作业量大、施工工期长、防火等级高、技术难度复杂、交叉作业多等建造特点，存在较多的安全隐患，容易造成安全事故。本章主要通过对高层建筑安全管理和BIM技术的研究，找出两者研究的契合点，结合BIM技术本身具备的集成化、网络化、覆盖的范围广、易操作等特点，充分发挥BIM技术在信息共享、虚拟施工、可视化、数字建模的优势（3D模型及4D虚拟建造技术）等方面的优势，帮助建筑施工单位有效地提升风险管理、隐患排查治理、安全教育、应急管理等安全工作效率，进一步降低安全事故的发生率，最大限度地保障建筑施工安全。

6.1 BIM技术在高层建筑施工安全管理中的必要性分析

随着我国国民经济的快速发展和城市化步伐的加快，一线、二线城市用地的紧张程度不断增加，这在很大程度上为高层建筑或超高层建筑的大量兴建提供了良好的契机。但这类建筑往往具有工程量大、信息量大、信息的有效传递难度大、技术复杂等特点，这也是近年来高层建筑施工事故频发的直接原因。但其根本原因还是安全管理水平与高层建筑大发展的形势存在严重脱节，传统的安全管理已经不足以满足安全生产的要求。

在信息化浪潮席卷全球，数字技术与建筑施工领域不断深化结合的国际大环境下，计算机技术在建筑行业的作用也愈来愈大。然而我国高层建筑施工领域的计算机应用起步较晚，导致我国高层建筑施工现代化安全管理和信息化进程与国际先进水平的差距较大。建筑施工领域信息化水平的落后引起了行业主管部门的高度重视，国务院安委会和住建部近年来多次发文，明确指出加快推进建筑施工信息化发展、建筑信息模型应用。其中，2011年住房和城乡建设部在《2011年—2015年建筑业信息化发展纲要》中提出BIM是产业升级的核心技术，要重点发展。全文一共9次提到BIM，其中：发展目标被提到了三次，发展重点提到过六次。BIM技术也被列为国家“十二五”科技支撑计划的重点研究和推广应用技术。2016年《2016年—2020年建筑业信息化发展纲要》中把BIM作为近期建筑业信息化发展的核心和重点。

在大力发展建筑施工领域信息化的背景下，各施工单位大力发展安全管理平台的建设，在一定程度上提升了安全管理的效率。但是传统信息化管理平台在建设项目的各个阶段所用的不同系统都是自成体系、相互孤立，工作人员往往要将信息重复录入，数据来源无法单一化，造成信息冗余、脱节和缺失，形成“信息孤岛”现象。由此，迫切需要有一个科学高效的安全集成管理方法对工程项目实行系统的、全面的、现代化的管理，以BIM为核心的安全管理应运而生。

6.2 BIM理念及技术

6.2.1 BIM理念起源及发展

随着计算机、网络、通信等技术的发展，信息技术在工程建设领域的发展突飞猛进，其中以BIM技术为代表的新兴信息技术，成为各类信息技术的集大成者。他们正在改变当前工程建造的模式，工程建造正逐步形成数字建造模式。然而，BIM理念传播及技术应用仍处于初级阶段，作为对包括工程建设行业在内的多个行业的工作流程、工作方法的一次重大思索和变革，其雏形最早可追溯到20世纪70年代。早于它而衍生的类似术语还有：欧洲的BPM (Building Product Models)及芬兰的PIM（Product Information Models）等，直

到20世纪80年代早期，美国学者将二者进行综合，并命名为BIM（Building Information Models）。后来随着对BIM技术的不断探索，以及对建筑生命周期的深入理解，美国Building Wisdom国际组织将BIM定义为Building Information Modeling。他们认为BIM是“Building Information Model”“Building Information Modeling”“Building Information Management”（建筑信息模型、建筑信息模型应用、建筑业务流程信息管理）三个既独立又彼此联系的概念的总称，这样定义BIM：

（1）BIM：Building Information Model，是描述建筑的结构化数据集（a structured dataset describing a building）。

（2）BIM：Building Information Modeling，被理解为一种过程，即是创建建筑信息模型的行为（the act of creating a Building Information Model），是建筑信息模型化。该定义在建筑行业使用地最为广泛，强调的是动词Modeling（模型化），而不是名词Model（模型）。

（3）BIM：Building Information Management，是为提高质量和效率的工作与沟通式商业结构（business structures of work and communication that increase quality and efficiency）。

BIM在我国《建筑工程信息模型统一应用标准》征求意见稿中的定义是：全寿命工程项目或其组成部分物理特征、功能特性及管理要素的共享数字化表达。虽然对BIM的概念众说纷纭，见仁见智。不过被大多数人接受的解释大概为：在建筑的规划、设计、施工、运维等各阶段的计算机辅助作业过程中，以信息传递标准来协调各阶段间信息的共享，以BIM实施标准来指导各工种作业及协同的工程方法。可通俗理解为：通过组合系列计算机辅助工具，在以工程对象（构件、部件、组件、族）为单位综合管理各阶段、各场景（nD）的信息的生产、传递、分析等虚拟作业业务的基础上，来进行协同多工种实务作业的建筑过程。

总之，BIM是信息模型在工程建设行业中的具体应用，是创建并利用数字化模型对建设项目的设计、建造和运营全过程，进行实施、管理和优化的方法和工具。它将预知并大幅度减少工程风险，显著提高建设效率。因此，在BIM方法体系中，不仅应包含建模技术，也包含可协同建筑项目全生命周期各阶段和各专业的协作平台；它既要有一套可赖以实施的IT工具，更要有一套为决策者、管理者提供优化服务的系统论和方法论。

具体到安全管理阶段，BIM技术可以通过其可视化，协调和模拟的特性在建筑设计中发现一些安全问题，并在过程中防范或告知。比如，基于BIM模型中包含参数化的三维几何信息，附加时间维度后可实现对高层建筑施工全过程安全风险动态管理；利用BIM进行施工模拟，将施工过程中重大风险及相应管控措施以可视化的效果展现在安全管理人员及施工作业人员面前，从而使其能够直观地了解施工过程的风险、隐患、管控信息，及时发现并处理施工过程中的风险、隐患。可以预见，随着BIM技术的广泛应用及对其深入研究，BIM自身含义将不断拓展和丰富，关于其精确定义的讨论仍将继续，或将衍化出更深层、更广度的含义。无论如何，一场引发建筑行业安全管理技术变革的BIM号角已经吹响。

6.2.2 BIM技术

现有业务系统的研发都是基于几何数据模型，主要通过DWG、DXF、IGE等图形信息交换标准进行数据共享和交换，而这种方式仅包含了构件的几何信息，相关的结构、材料、成本、施工进度等工程信息需要通过中间件来进行传递，要真正实现铁路建设项目全过程管理和协同管理，必须研究新的信息模型理论和数据交换模型，在几何数据模型基础上建立面向全过程的工程信息模型，并能基于统一标准进行数据的转换、传递和共享。BIM（建筑信息建模）技术的出现为BLM（建设工程全生命周期管理）的实施提供了有力的支撑和全面的支持。BIM可以看作BLM的技术实施核心，它使得项目各寿命期的信息得到有效的组织和追踪，保证信息传递的过程中不至于发生信息丢失和损坏，减少信息歧义。

一个完善的信息模型能够连接工程建设各个阶段的不同信息、数据、知识和资源，可对工程的各个构件进行完整地描述，可为工程建设各参建方使用，并在此模型基础上建立协同工作平台。BIM具有单一数据源，可解决各硬件系统和各应用系统间的异构性问题和全局共享问题，并支持建设项目管理的动态过程控制。BIM具有以下特征：

（1）完备性：除了对工程构件进行一般CAD软件绘制的三维几何信息，还包括对象的功能结构、材质性能、说明备注等设计信息；施工的质量、进度、成本、工序、人财物资源配备等施工信息；安全性能、耐久性能等维护信息；还包括各个构件之间的逻辑关系等。

（2）关联性：模型对象是相互关联的，如果对象发生了更改，则与它关联的其他对象将自动更新，保持模型的健壮性和完整性。

（3）一致性：模型在建筑寿命期各个阶段所表述信息是一致的，并且通过简单扩展和修改，该模型能随着工程进展进行自演化以适应当前阶段。

BIM技术主要包括三个标准，包括：

（1）IFC标准：是建筑产品数据表达与交换的国际标准，支持建筑工程项目全过程的数据共享和数据转换。IFC标准在纵向上可进行全过程数据管理，在横向上对各应用子系统间的数据通信进行支撑。所有与建筑有关的信息都可以通过基于IFC的建筑信息模型在建筑行业不同专业和部门之间进行信息交互。

（2）IDM标准：定义了建设工程全过程管理中各个阶段所需的信息及其与整个建筑信息模型之间的关系。例如，铁路设计院在对隧道进行设计时建立隧道的建筑信息模型，施工单位在施工时根据设计院提供的隧道各项设计信息进行正确的施工。

H3M标准的应用可以使建筑信息的交换自动完成并进行核查，如上述案例，设计院可以通过程序，使计算机根据IDM标准中定义的施工阶段所需的建设信息，自动核查施工单位是否已提供相关信息和是否按照设计进行施工。

（3）IFD标准：定义了IFC模型所包含的各类信息、术语的识别和翻译，其功能是对IFC标准的补充和完善。

6.2.3 BIM的特点

1. 可视化特点

现代建筑造型复杂，形式各异，人们无法完全通过大脑去想象。然而具有可视化特点的BIM，可以让平面的线条式的物体以一种立体三维的实物图像展现在人们面前；以往建筑行业在设计阶段也可以做效果图，然而此类效果图是由专门的制作团队通过读取设计方线条式信息而制作的，并非由数据信息自动生成，构件之间的反馈性和互动性欠缺。然而BIM技术的可视化的特性是一种可以跟不同部分之间进行联动并可以回授的特性。利用BIM技术，建筑项目的全生命周期都能够在可视化下进行。所以BIM不但可以展示效果图，生成报表，而且整个建设过程中的交流，讨论到决策都能够在可视化的状态中开展。

2. 可出图特点

BIM的出图并非平常的出自建筑设计院的设计图，而是帮助业主通过对建筑信息模型进行可视化展示、动态模拟、优化协调之后得出的图纸。

3. 协调性特点

进行设计的时候，各部门之间沟通不充分往往会出现不同作业部分之间的碰撞问题如布置采暖、通风、空气调节等方面的管路时，各部门只能负责完成自己的施工图，在进行实际操作中铺设管道时，可能这个地方正好有结构设计的梁等构件，妨碍了铺设管道，这就是常见的碰撞问题，解决这种问题不应该在出现问题后再进行解决。BIM的协调性特点就可以提前解决此类问题。在建设前期，通过BIM技术协调各部门之间的碰撞问题，并提供出协调数据。解决碰撞问题并非BIM协调性的唯一功能，协调电梯井布置，防火分区，地下排水布置和其他布置，也可以通过它来完成。

4．优化性特点

利用BIM的优化性特点可以做下面的工作：

（1）优化项目方案：将建筑设计与经济回馈分析联系在一起，可以随时计算因设计变化而产生的经济回馈影响；甲方在方案选择时不仅可以考虑建筑表面形式，还可以通过对比确切地知道哪种设计最符合自身需要。

（2）特殊项目的设计优化：如屋顶、幕墙、裙房、大空间等地方可能存在不规则形状设计，虽然这些地方对于整个建筑来说占比不大，但耗费的资金和时间会很多，而且往往也是施工难点，出现的施工问题较多。通过BIM优化性提前对施工方案进行优化，可以大大减少资金和时间的消耗。

5．模拟性特点

设计阶段，BIM可以对导热性、采光、疏散应急、节约能源等需要模拟的地方进行仿真实验；在工程施工过程中，通过将三维模型与工程进展结合可以进行4D模拟，模拟施工过程中各种安全风险时空演化过程，并将风险控制措施在4D时空模型上动态演化出来；在运营维护的时候，可以模拟比如火灾应急逃跑、紧急逃生等特殊状况问题的解决。

6.3 BIM技术优势及应用价值

讨论BIM具体技术优势和应用价值之前，有必要先行了解工程建设行业长期以来存在的弊端、问题。

6.3.1 建筑施工行业弊端

有数据表明，过去几十年来，由于信息技术的快速发展，全球发达国家大多数非农业行业的生产效率几乎翻倍，但工程建设行业的生产效率未升反降。当然，形成这种局面是工程建设行业自身特性所决定的。造成其低效性有三个主因：

1. 割裂的行业结构

工程建设行业拥有众多的规模不大、专业化强、但关联度低的参与者，且几乎没有信息技术的纵向集成。在这种情况下所建立的行业信息交流机制和规范、规则，都已明显过时，且日益阻碍生产力发展。为此要求，必须进行信息交流机制和规范、规则的根本性变革，即进行基于BIM三维模型、全生命周期的技术革命，以极大提升交流效率、管理效率和生产效率。

2. 信息传递失误或流失

多年以来，行业内参与者均惯于采用纸质文件交换信息，但纸质介质本身难以承载更多的、丰富的数字信息，而这些信息已在数字化设计中客观产生。此外，二维图纸所抽象的项目表达信息，注定不够明确、不够全面，可从不同方面、不同角度进行不同解读。因此，很容易产生歧义、误解和错谬。为此，应当改变传统信息传递方式，即皈依人类思维原点，采取三维模型设计，以充分改进这种不利现状。

3. 注重短期成本而不是综合价值

过去关注更多的是最初的项目建设成本，而不是项目创造出的整体价值。但现在，业内越来越多的人开始认为，一个成功的建设项目的关注点，应当是后者而不是前者，应当是全寿命周期而不是其中一个局部（或环节）。为实现这一点，就需要进行更多的、更便利的方案比对及优化，从而使全工程建设生命周期成本最小化，使项目综合效益和价值工程体现最大化——BIM三维设计模式应运而生。

6.3.2 BIM技术优势

通过分析建筑施工行业的弊端，不难发现：解决整个工程建设行业低效率的根本途径就是，把项目设计——施工——管理过程集成为一个整体。美国斯坦福大学最初将其定义为能实现多专业融合的“POP”模型，其中：产品（Product）——建筑物、结构、管道、生产线；组织（Organization）——设计、施工、管理队伍；过程（Process）——用于建造设施的工作过程。

随后，由此发展出目前工程建设行业已广泛接受的BLM（建设工程全生命周期管理）和BIM/CIM（基于三维信息模型的设计）方法，二者已使全球业界对于如何将数字化信息技术应用于设计、施工和管理的思维方式，发生了根本变化。其中的BLM系统，可帮助对组织和过程构建模型，同时它与 BIM/CIM 结合，可支持POP方法中所设想到的关于项目的所有方面。其中的BIM/CIM，是于 2002 年推出的一种用于建设工程设计、施工和管理的创新方法。其核心就是通过三维设计获得工程信息模型和几乎所有与设计相关的数据，可以持续地、即时地提供项目设计范围、进度及成本信息等，而这些信息本身完整可靠、质量高且可完全协调。也就是说，在工程建设生命周期中三个主要阶段（设计、施工和管理）中，工程信息模型都允许访问以下完整的关键信息：

（1）设计阶段——设计、进度及预算信息。

（2）施工阶段——安全、质量、进度及成本信息：

（3）运营阶段——性能、使用情况及财务信息。

具体到建筑施工安全管理阶段，BIM技术在施工安全管理方面的应用主要体现以下优势：

1. 安全状况的透明化

施工过程是一个不断变化的过程，导致施工现场的安全状况存在不确定性，而将施工现场安全程度实现最大化是安全管理者追求的目标。施工现场安全状况信息的准确性与安全事故发生的概率相关，关系着施工现场的安全程度。通过实施基于BIM的施工现场安全管理，可以帮助管理人员实时、准确、有效掌握施工现场的安全状况，以达到增强安全状况透明化的目的。

2. 安全管理的直观性

基于BIM的施工现场安全管理，将会提高安全管理的直观性，通过BIM技术形成的技术方案和要求可以通过三维可视化模型直接判断施工现场的安全状况，并对现场进行检查和评价，有一个全方位、全过程的直观了解，可以实现施工现场的有效管理。

3. 安全管理的动态化

施工安全管理过程中的BIM技术可以将施工现场的安全管理要求实时追踪。另外，在三维虚拟场景中对施工场地进行规划布置，设计详细的施工方案并不断完善，通过动态仿真模拟，保证施工现场的安全管理在时间上和空间上的连续性，及时发现不足和缺陷，实现施工安全管理的动态化。

4. 安全管理的程序化

施工过程中BIM技术的运用有利于实现从局部到整体的安全管理。在传统管理过程的基础上加入BIM技术元素，保证整个施工过程的安全动态管理，规

范管理流程，实现施工安全管理的程序化。

总之，BIM是全球工程建设行业发展到今天的必然结果。随着BIM技术的不断发展，BIM的维度会不断扩展，BIM 的内涵也会更丰富，建筑业的信息化和安全管理水平也会不断提高。

6.3.3 BIM应用价值

BIM可使项目在规划、设计（方案设计、初步设计、施工图设计）、建造、经营、管理等各个环节信息连贯一致、互通互用，而信息可包括设计与几何图形、成本、进度信息等，且可立即获得，从而能够更快捷、更有效地进行项目相关决策。

1. 纵向考量BIM应用价值

从工程建设过程的纵线观察，BIM在设计、施工和运营管理三阶段的应用价值体现如下：

（1）BIM在设计阶段的优势：可有效整合优势资源，准确表达意图，减少设计错误。这有赖于BIM技术允许项目团队在工程设计或文档编制过程中，随时随地对项目做出更改或修订。因为一旦修改，则其修改结果会在整个项目的各个专业、各个环节中实时显现及自动协调，即BIM三维工程模型能自动关联协调二维图纸的不当表达和疏漏，从而省去繁重的、低价值的反复协调与人工检查环节，提高检查沟通效率，准确传达设计师意图，进而提升工作整体质量。这也使得项目团队可将更多时间和精力，投入项目更关键、更要紧的问题上去。

（2）BIM在施工阶段的优势：为施工阶段提供多元信息，提高效率、节约成本、更易沟通。BIM可同步提供有关建筑物几何参数、质量、进度及成本等信息。基于此，施工人员可与业主进行直观而有效的沟通，迅速为业主制定用于展示施工场地使用情况（或更新调整情况）的施工方案规划，从而将施工过程对业主运营和管理人员的影响降到最低。BIM还能提高施工方的文档编制质量，改进施工规划，节省部分时间与资金。从而最终保障施工顺利完成，工程质量得以提升，也使得业主的更多施工资金投入建筑物本身，而非冗杂的行政和管理事务中。

（3）BIM在运营管理阶段的优势：让项目建成后的运营管理更便捷、智能化。BIM可同步提供有关建筑及其用材、设备性能及使用情况（含已用时间等）

及财务等多方信息，可用于例如搬迁管理、环境分析、能量分析、数字综合成本估算及更新阶段规划等。因此，BIM可有效提高建筑建成后的运营收益和管理水平，使得运营管理更加便捷化和自动化。

2. 交互考量BIM应用价值

无论处于哪个建设阶段，若从综合和交互角度考察BIM应用价值，则主要体现在以下四个方面：

（1）定案：BIM使得业主在项目建造之前，就获得对项目完整的认识和理解，从而早日发掘出正确的设计方案。项目建设各方借助BIM技术卓越的发现与搜索工具，实行高效快速的设计交流审查，这也是确保项目实施速度的必要举措。而且这个加速交流审核的过程，容易囊括项目设计之外的、延伸的合作团队，以进一步改善设计方案品质。

（2）检查：在项目建造前，BIM技术能发现并解决设计方案中潜在的不合理预算投入和设计疏漏。具体而言，在BIM数据模型环境中的检查干涉，可将设计错误提前发现、锁定并予以实质性排除，这将节省项目总投资的2%~3%，甚至更多。

（3）模拟：因BIM在建造之前已将整个施工过程模拟出来，消除不可预见的错误，预测工程风险和施工难点，故真正的施工过程均在计划和掌控之中。可以说，BIM项目模型作为连接建设进度、费用和其他任何数据信息的一个网络数字信息中心，可保证工程按计划顺利实施及交付。

（4）沟通：BIM创建出每人都很容易观察、探究和理解的一个3D模型。因此使得项目团队合作、沟通更为有效和便捷，更方便与承包（分包）商、供应商、合作伙伴及客户进行讨论、审核，减少交流时间，促进及提升共识，从而使项目更好、更快地完成。

3. BIM技术应用于高层建筑施工安全管理研究的适用性分析

信息技术深刻改变着建筑施工领域的生产方式，以工程设计为例，从20世纪60年代的结构分析、70年代的参数化设计、80年代的计算机辅助设计过渡至90年代的3D可视化设计，经过数十年的发展逐步向数字建造模式发展，信息化的发展大大提升了设计的质量与效率。而我国建筑施工安全生产一直以纸质台账的方式进行管理，直到近年才逐步发展建筑施工安全管理信息化。安全信息管理平台的出现在一定程度上提高了安全管理人员的工作效率，提升了建设项目的安全管理水平，但是“信息孤岛”的问题始终存在，BIM的出现很好地

解决了该问题。课题组主要从以下三点分析BIM应用于建筑施工安全管理的适用性：

（1）技术适用性分析。创建模型过程中，需要综合考虑各方面因素，如风险源、安全规定、费用、花销、采用的材料。所以在建立模型过程中可以有效地发现施工过程中存在的安全隐患，并且通过制定安全方案对安全隐患进行控制。

通过BIM技术能够解决实际生产过程中信息沟通较少的问题，能够使交换和分享信息成为现实，从而优化、改进施工计划，保证各部门数据的一致性，减少各部门的压力。

（2）经济适用性分析。在费用方面，与其他建筑方面的程序相比，BIM费用较高，而且对计算机有很高的配置要求。但是利用BIM技术进行建筑施工安全管理，发生安全事故的概率会下降，从而在总的成本方面费用会减少。通过相关数据统计，通过BIM技术保持准确报价的程度为百分之三，费用变更减少百分之四十，总成本可以减少4/5，可见BIM带来的效益还是很大的。

（3）环境适用性分析。住建部在建筑业“十二五”规划中提出，要普及参数化、可视化、三维模型设计，推广利用BIM协同工作等技术的应用，从而提高设计水准，减少工程投资，实现从设计、采购、建设、投产到运营的全周期综合运用。BIM在中国起初只在大型标志性建筑中应用，比如被称为BIM经典之作的上海中心项目，上海世博会的某些场馆建设等。但是经过短短几年的时间，一些一般体量的项目中也已经开始应用 BIM。据介绍，2009 年的时候，在使用 BIM 建筑信息模型这一点上，美国领先了中国七年时间；而三年过后，此项差距已经缩短到了三年。而且此项差距单指使用 BIM 建筑信息模型的人员数量这一点，而在BIM建筑信息模型的使用水平上，中国已经与世界最高水平的公司处于相同地位。现今，BIM 还在继续发展，可以说是处于正当时的状态，BIM 技术的应用将赋予建筑业更广阔的前景。

6.4　基于Revit软件的BIM模型构建

BIM最终的发展目标是为建筑施工全生命周期的所有需求服务。在运用BIM创建3D模型时，应尽可能拓展模型的等级和深度，而不是仅仅追求BIM的可视化特性。为了可视化而创建的模型仅仅包含了3D几何信息及为了建筑表现逼真而必要的材质信息，真正的BIM模型在几何信息之外还包含了协同、文档管理、清单和管理建筑等必要信息，而这些信息正是BIM于安全管理的契合点。

在BIM技术蓬勃发展的背景下，各大软件厂商加大对BIM软件的开发投入，纷纷推出具有明显优势的BIM软件，为不同的工程项目管理提供强大的技术支持，在项目全生命周期管理中起着不可或缺的作用。

BIM软件按功能可以分为三大类：①建模软件；②分析软件；③协同平台。

其中以欧特克公司（Autodesk）的Revit软件、Navisworks软件最具代表性，市场占有率最高，其次还有图软公司的ArchiCAD软件，达索系统公司（Dassault Systems）的CATlA软件及Bentley平台系列软件、Tekla系列软件和国内鲁班公司、广联达公司开发的BIM软件。课题组选用Revit2017 软件进行高层建筑施工BIM建模，整个BIM模型主要包括以下五类：土建建模、模板建模、脚手架建模、塔吊等特种设备建模、四口五临边防护模型建模。

6.4.1　土建建模

土建建模主要包括梁、板、柱、墙、门、窗、屋顶、幕墙、散水等，按常规BIM建模流程，即建模准备→样板文件→项目标准文件编制→CAD图纸分拆→建模→合模。建模过程示意图如图 6-1、图 6-2 所示：

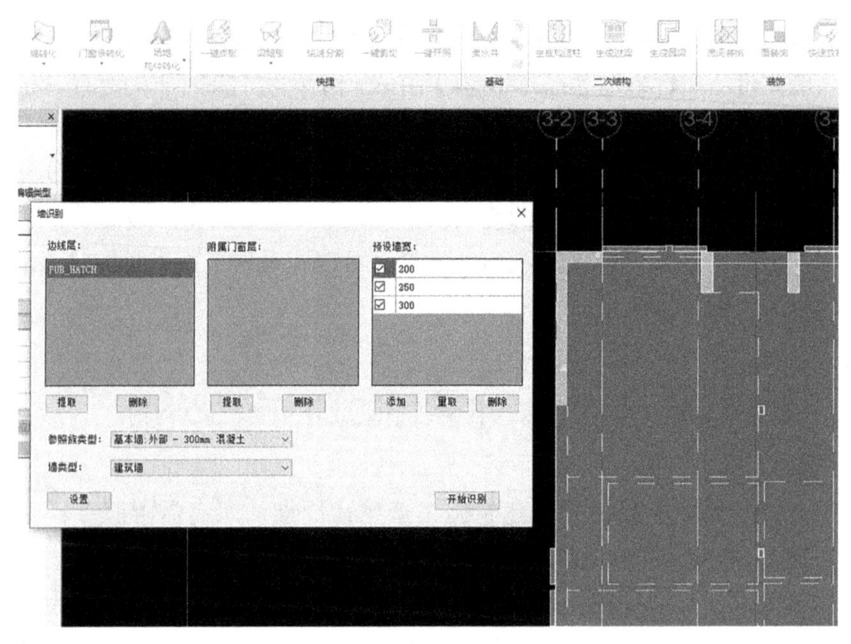

图 6-1　Revit2017 软件土建模型参数化设置示意图

图6-2 Revit2017软件土建模型生成示意图

6.4.2 模板建模

模板建模顺序为：生成模板→设置模板参数（根据实际建设项目模板支撑系统的施工方案）→生成模架。模板建模过程示意图如图6-3、图6-4所示：

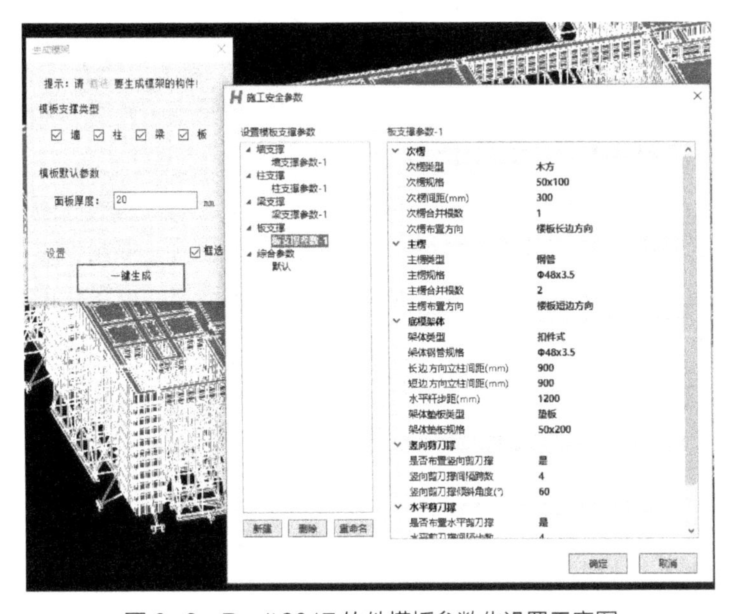

图6-3 Revit2017软件模板参数化设置示意图

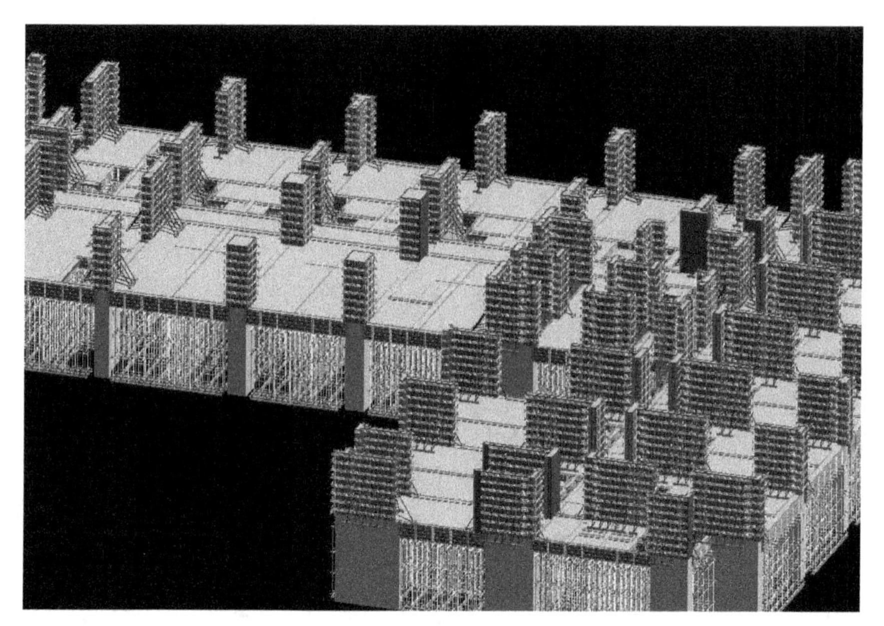

图 6-4　Revit2017 软件模板生成示意图

6.4.3 脚手架建模

脚手架建模顺序为：选择脚手架类型→设置外脚手架参数（立杆纵距、立杆横距、水平步距等，参数来源于实际项目施工方案）→安全通道、卸料平台、人货梯入口、脚手架楼梯参数设置（除参照施工方案的数据外，还应依据现场调研结果）→生成脚手架。

此外，脚手架模型建模需要考虑到整个建设周期内的所有脚手架，实际调研时现场施工仅有某个过程的脚手架，这就需要根据项目实际的进度，将模型与建设周期进行关联，实现脚手架搭设的动态、可视化展示。脚手架建模过程示意图如图 6-5、图 6-6 所示：

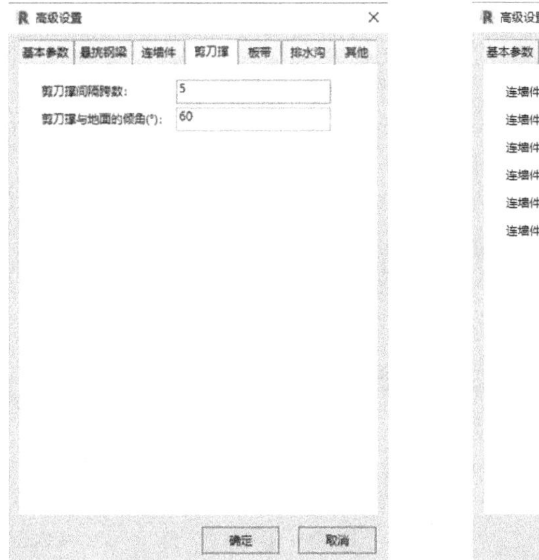

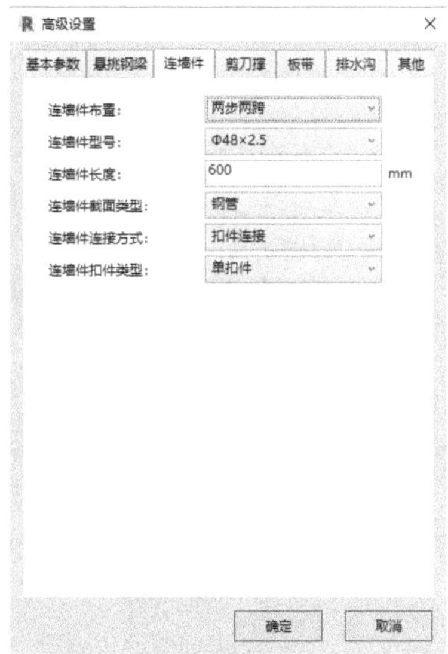

图6-5　Revit2017软件脚手架参数化设置示意图

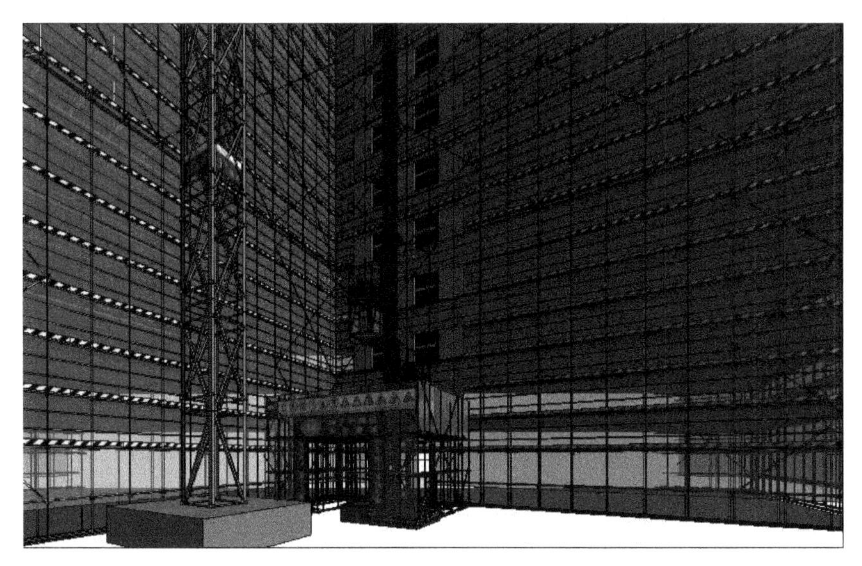

图6-6　Revit2017软件脚手架模型生成示意图

6.4.4　塔吊建模

塔吊建模顺序为：设置塔吊基本参数（塔吊基础的尺寸、塔吊的工作半径及塔吊的高度）→塔吊与楼房连墙件参数设置（两连墙件安装距离）→生成塔吊模型。塔吊建模过程示意图如图6-7所示：

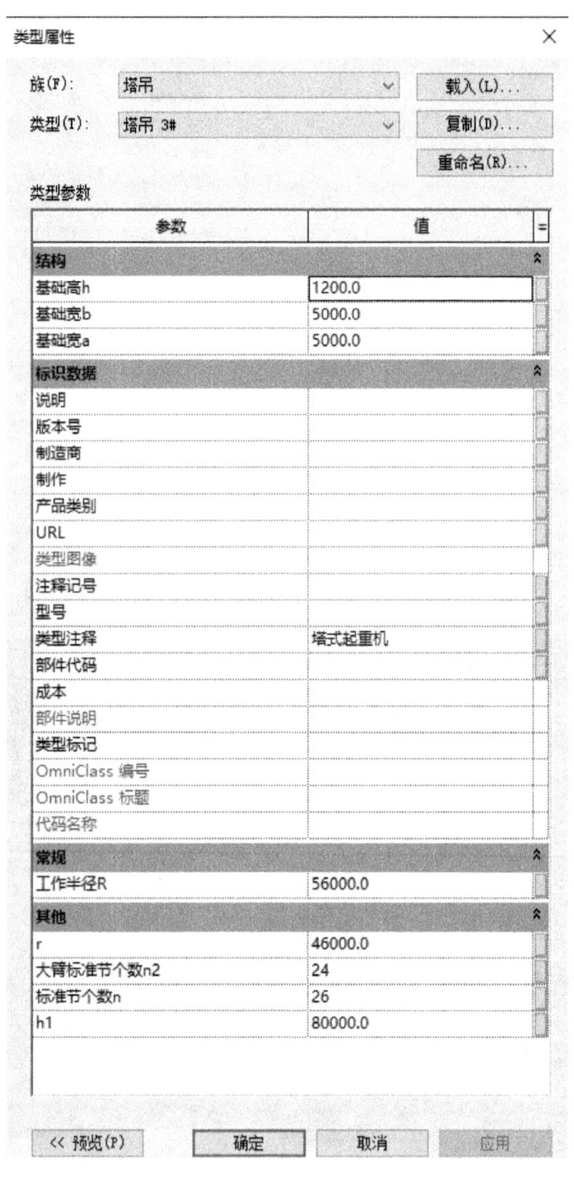

图 6-7 Revit2017 软件塔吊参数化设置示意图

6.4.5 四口五临边建模

四口五临边建模顺序：获得结构模型→创建与规范相符的防护（主要有临边防护栏杆、安全警示标志、施工楼梯临时护栏、洞口标记族、软件平台所需临边识别标识、水平安全防护网、洞口盖板）→预留相应的临边识别标识（以便后期软件识别）。四口五临边模型示意图如图 6-8 所示：

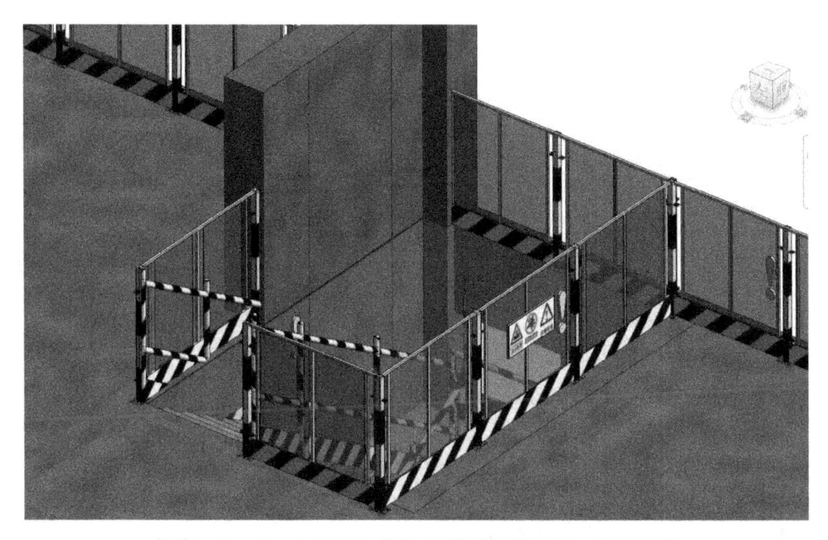

图6-8　Revit2017软件临边防护模型生成示意图

6.4.6　施工场地布置建模

创建场地模型→创建基坑模型→创建基坑周围临边防护模型→创建场地内部施工临时道路模型→创建钻孔桩、三轴搅拌桩、预应力锚索等基坑防护模型→创建高精度拉线式位移传感器、压力传感器模型（并放入锚杆端部）→创建施工场地永久性围墙、主要出入口模型（依据《施工组织策划》、现场视频照片等文件）→创建围墙外侧创建宣传画模型、施工企业标语模型、五牌一图、实名制通道→创建场地内部的设施模型。

施工现场布置BIM建模要点如图6-9所示。

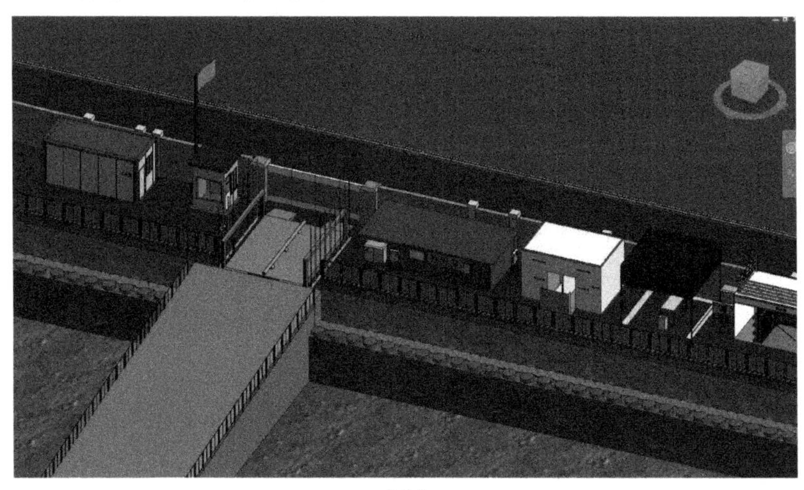

（1）

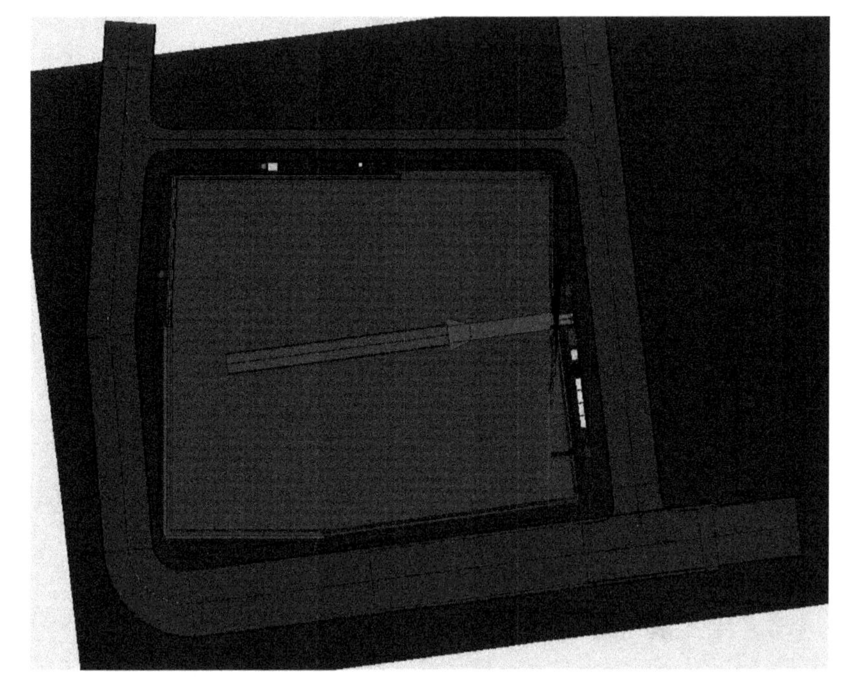

（2）

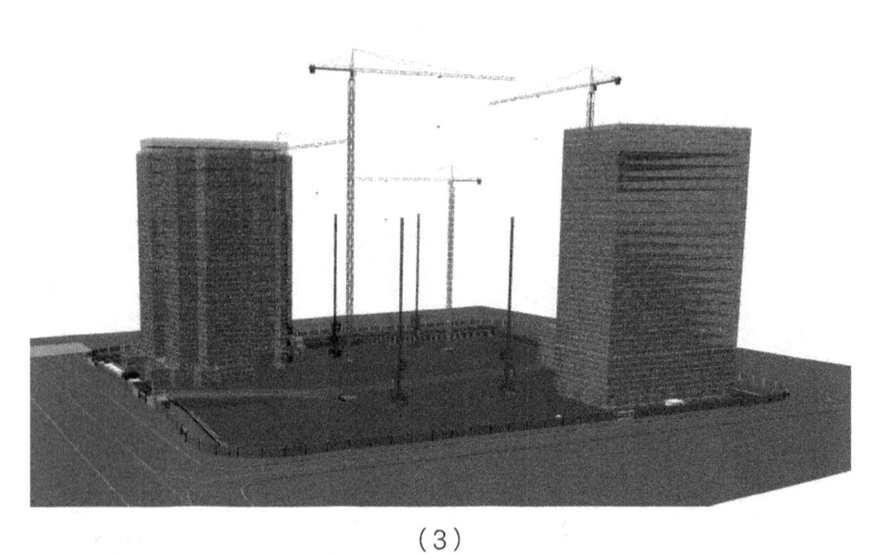

（3）

图 6-9　Revit2017 软件场地布置模型生成示意图

1. 现场临时设施布置要点

进行临时设施布置时，类似功能的临时设施要布置的距离近一点，不同作用的临时设施的布置要有一定的距离。为了防止彼此之间的干扰，现场操作类、生活类、办公类临时设施需要保持合理的距离进行布置。所以对临时设施进行全面布置前，可以先依据现场条件对功能大体区分，而后在大体的性能划分中对临时设施做具体的布置。首先第一位应该布置的是现场操作区临时设施。先确定建材存放和加工厂临时设施的位置和类型。然后输入相关参数，确定详细参数后就可以在施工场地中导入三维模型。通过观察直观的三维视图，能够依据相互的位置关系设置注意事项。例如，布置生活区临时设施时应距离污染、高危作业区远一些；办公区若布置在建筑物坠落半径内时，应进行周密的保护措施；普通状况下，应在建筑物坠落半径之外设置办公区，并进行明显分隔区分。

2. 现场运输道路布置要点

对施工现场布置方案进行设计时，对加工场、垂直运输机械的位置进行确定后，基本运输道路就能够确定。在合成了大体的场地布置的BIM模型中，基本确定材料存放、加工场、垂直运输机械的位置后，依据永久性道路和现有道路的状况对临时设施进行微调，使施工现场运输道路规划得更加合理科学。需要保持存储库、材料堆放处道路的畅通联系，便于输送材料和构件；道路尽可能设置成环形，如果无法设置则要在道路终端设置倒车场所。

3. 其他现场布置要点

建筑工地总平面，地形、高压线分布、周边管道、周边建筑物、周围的街道和建筑施工可能会影响到的其他物体；工地现场临时设备、临时建筑和临时设施，包含临时水电、机械布置(尤其是地泵、电梯和塔吊)、项目部板房；工地现场临时场地安排，包含出入口、材料堆放地、材料原材和半成品、材料加工场所、施工道路等；安全风险区域的标示，比如对不同安全风险等级利用不同颜色进行标示，以方便识别。

6.5 基于BIM技术的高层建筑施工安全管理信息系统平台开发

6.5.1 用户注册与登录

登录网址https://dev.chinavfx.net/ssm/public/auth/login进行系统的注册与登录，其中注册分为个人注册、企业注册两种，登录、注册界面见图6-10~图6-12。用户注册后，经过管理员审核通过后可登录本系统平台。

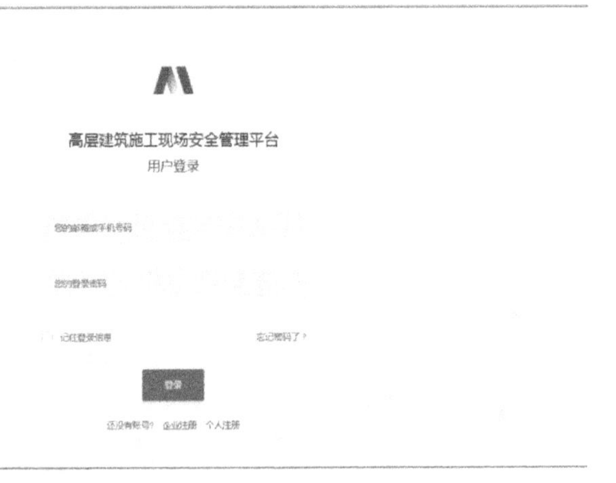

图6-10 高层建筑施工现场安全管理平台登录界面

图6-11 高层建筑施工现场安全管理平台企业注册界面

高层建筑施工现场安全管理平台
个人注册

图6-12　高层建筑施工现场安全管理平台个人注册界面

用户登录后，若该用户有多个参与的项目，系统会先显示项目选择；如果用户没有参与的项目，而且非企业特权用户，那么系统将显示信息提示页面，提示用户需要由其企业管理员为其指定参与的项目。如果用户仅有一个参与的项目，那么系统将跳过项目选择，直接进入参与项目的项目看板。单项目用户初次登录界面如图6-13所示。

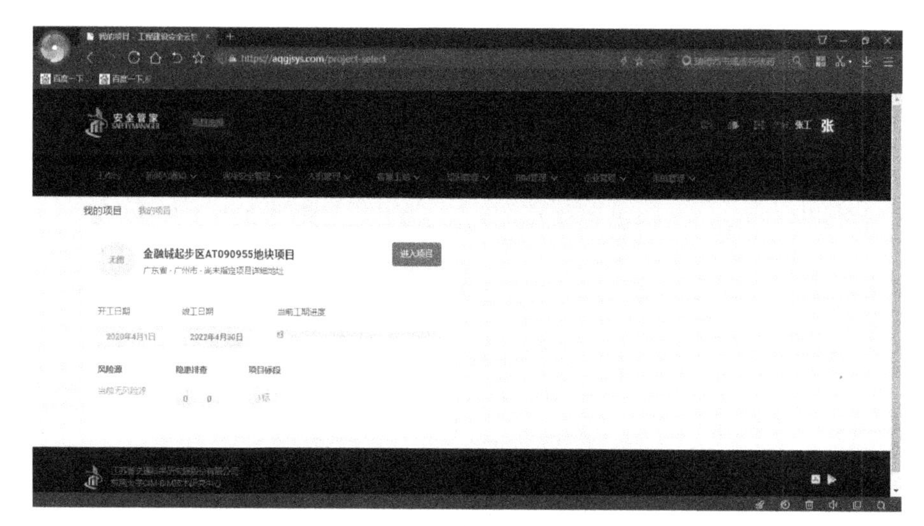

图6-13　用户初次登录界面

6.5.2 系统功能总述

本平台采用多项目多参与方的设计模式（图6-14），能够实现一个运营方管理平台多个项目，每个项目有多个参与方（企业），每个企业下可建立无限用户，每个企业下的用户仅能查看其所在项目的数据逻辑。其中，每个企业下的用户由其所在项目的角色决定其在项目中的操作权限。

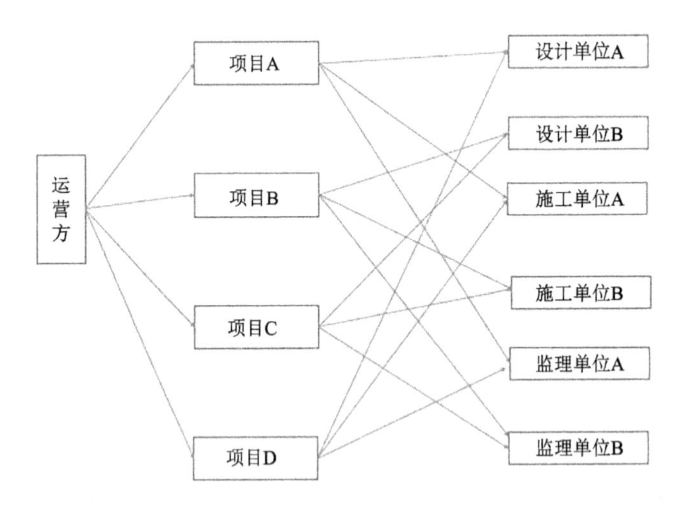

图6-14 多项目多参与方设计模式示意图

高层建筑施工安全管理信息系统平台（图6-15）共包含工作台、新闻与通知、现场安全管理、人机管理、智慧工地、知识管理、BIM管理、企业管理、系统管理九大模块。系统包括网页（Web）端和手持终端App（安卓/iOS）。

6.5.3 工作台

工作台是为了使用户及时、快捷地了解建设工程安全管理重点工作，该模块主要可实现重要安全数据统计及图表显示、新闻通知展示、风险、隐患的可视化展示及人机管理及时提醒四大功能。

1. 安全数据统计及图表显示

该功能主要实现施工过程中动态监测数据（环境、设备、基坑监测）、隐患整改数据（已整改、超期未整改）、安全投入数据、风险源数据及应急物资使用消耗情况进行图表显示，方便管理人员对安全工作重点内容进行统计分析（图6-16）。

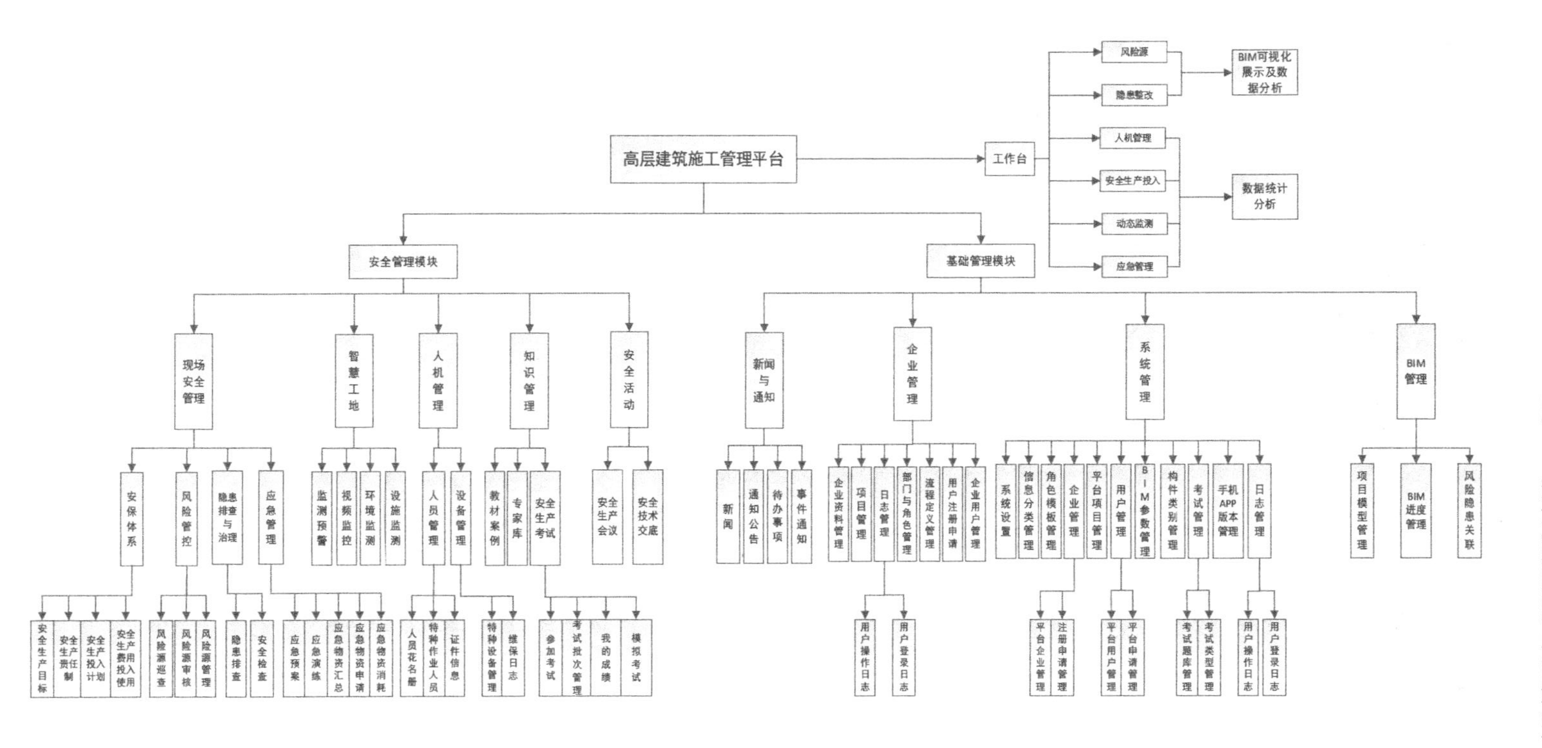

图6-15 系统功能框架图

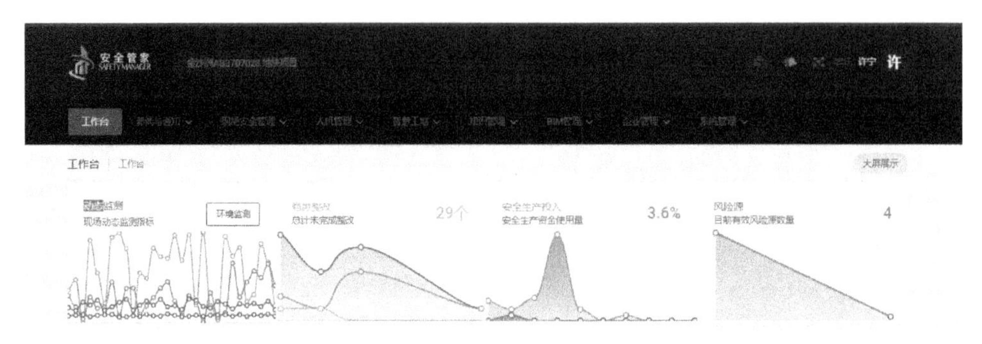

图6-16 安全数据统计及图表显示

2. 新闻通知展示

新闻通知展示区（图6-17）方便用户查看国家相关部门、建设单位及本项目部发布的重要通知。

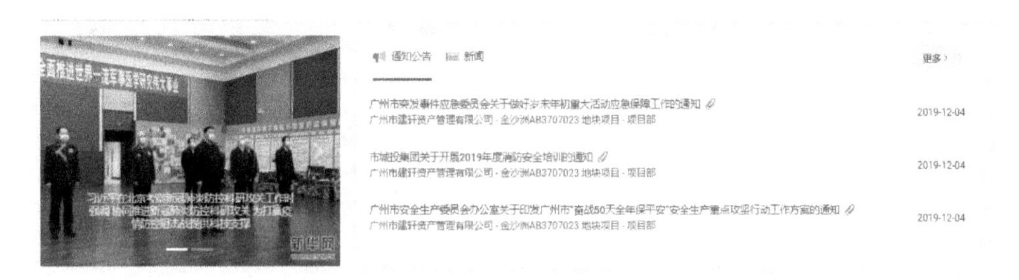

图6-17 新闻通知展示区

3. BIM可视化展示

BIM可视化展示区将风险源、风险巡查、隐患与BIM模型相关联，使风险、隐患信息在BIM模型实现可视化展示。从而方便安全管理人员直观地查找、关注当前施工过程中的风险源、隐患。

（1）风险源及风险巡查可视化展示。管理平台通过将风险数据与BIM模型（图6-18）相关联，项目辨识的所有风险源会以红、橙、黄、蓝四种不同颜色的三角形标识（分别表示1~4级风险）显示在BIM模型中，点击任一风险源，右侧列表会显示该风险所属的分部分项工程、风险源所在的位置、责任部门、风险等级（颜色表示）等关键信息。若用户想进一步了解该风险源的详细信息，可点击该风险源，页面跳转该风险源详情页，见图6-19。

当某一风险较大的分部分项工程开工前，高层建筑施工安全管理平台将向相应项目管理人员及施工作业人员推送该作业活动的风险巡查任务。相关责任人接到风险巡查任务后，可在左侧3D建筑模型点击相应风险巡查标识，右侧列表会显示该风险巡查地点、风险等级、上次巡查时间、责任部门、现场负责人。若用户想进一步了解该风险巡查详细信息，可点击该风险巡查，页面跳转该风险巡查详情页，见图6-20。

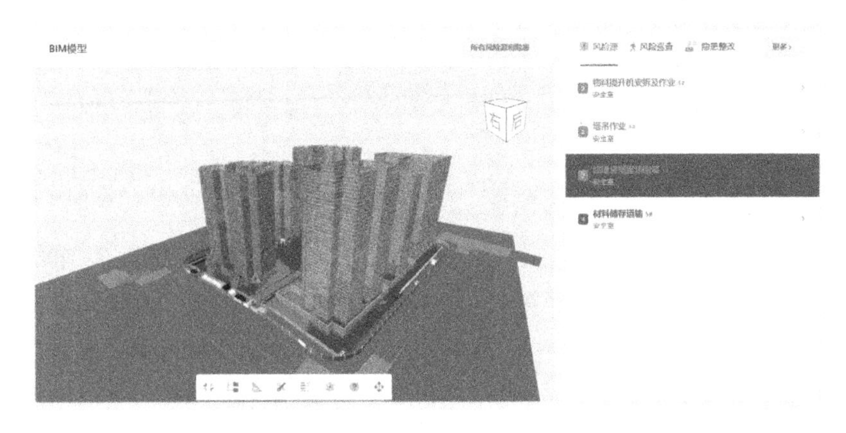

图6-18　风险源可视化展示

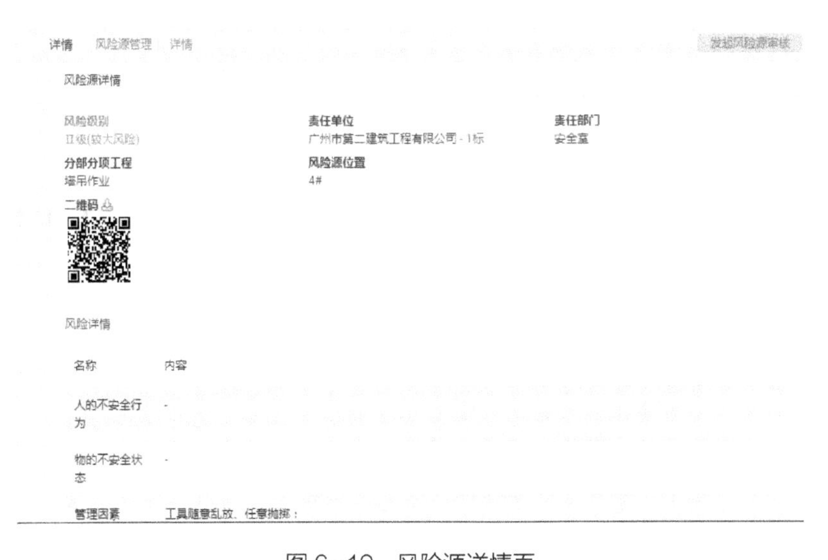

图6-19　风险源详情页

图6-20　风险巡查详情页

（2）隐患信息可视化展示。将隐患位置信息与BIM相关联，从而实现隐患信息的可视化展示，建设单位及施工单位管理层可通过该区域随时掌握隐患整改情况并及时督促相关责任人，从而大大提高隐患整改的效率，增强隐患整改的监督力度。重大隐患、一般隐患会以红、黄两种不同颜色的圆形标识（如图6-21所示）显示在BIM模型上，用户可通过标识的颜色、位置快速了解隐患等级及大致的分部分项工程。点击任一隐患标识，右侧列表会显示该隐患的名称、限期整改期限、隐患检查人员、隐患整改责任人、责任部门。若用户想进一步了解该隐患的详细信息，可点击该隐患，页面跳转该隐患详情页，见图6-22。

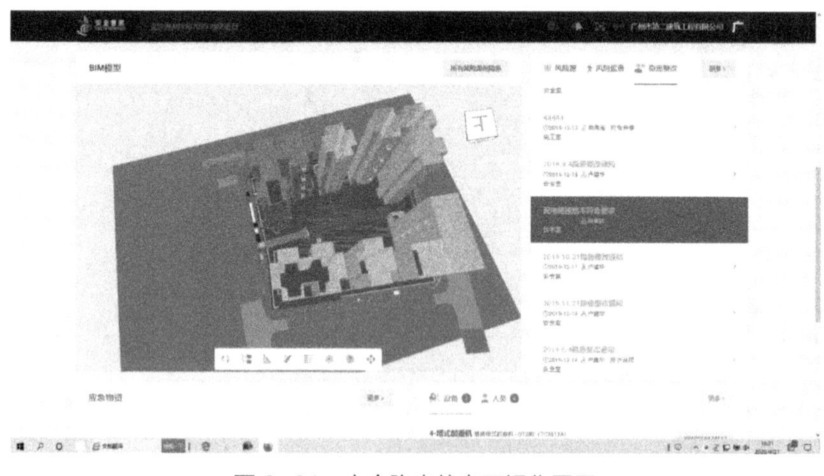

图6-21　安全隐患信息可视化展示

图6-22　隐患信息详情页

4. 人机管理

当现场人员证件有效期及大型设备维保期限到达前，安全管理平台会以系统信息等方式通知相关责任人，责任人可在该功能区快速查看现场人员过期证件及需要维保的设施设备。

图6-23　人机管理展示区

6.5.4　通知与新闻

该模块是为了实现相关责任人发布的重要通知，传达重要精神的目的。相关责任人可在该模块发布项目相关的新闻与通知。

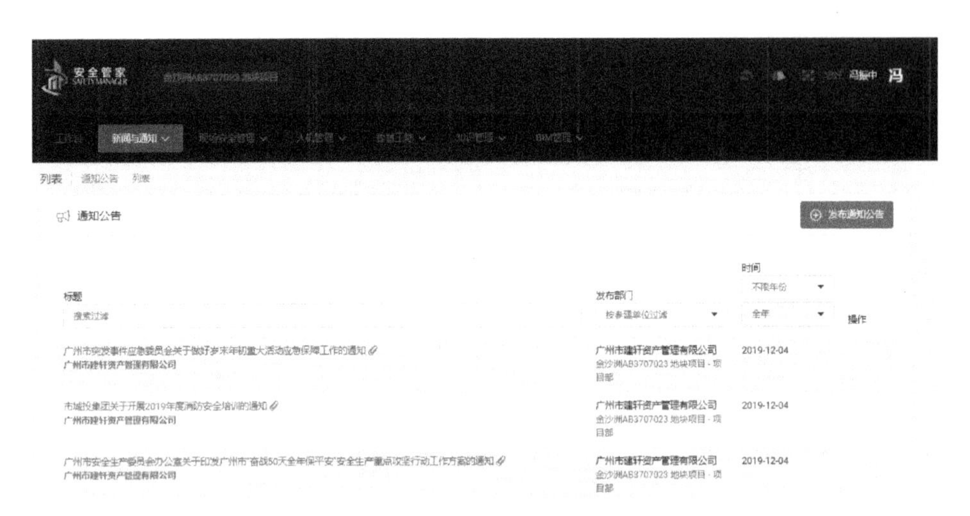

图 6-24　新闻与通知模块

6.5.5　现场安全管理

现场安全管理主要包含安保体系、风险管控、隐患排查与治理、应急管理、安全活动五个模块。其中安保体系包含组织框架、安全生产目标、安全责任制、安全责任制考核、安全生产投入计划、安全生产费用投入使用六个子模块；风险管控包含风险源审核、风险源管理、风险巡查三个子模块；隐患排查与治理包含隐患排查、安全检查两大子模块；应急管理包含应急预案、应急演练计划、应急演练、应急物资汇总、应急物资申请、应急物资消耗六大子模块；安全活动包含安全生产会议、安全技术交流、其他安全活动、施工方案四大子模块。

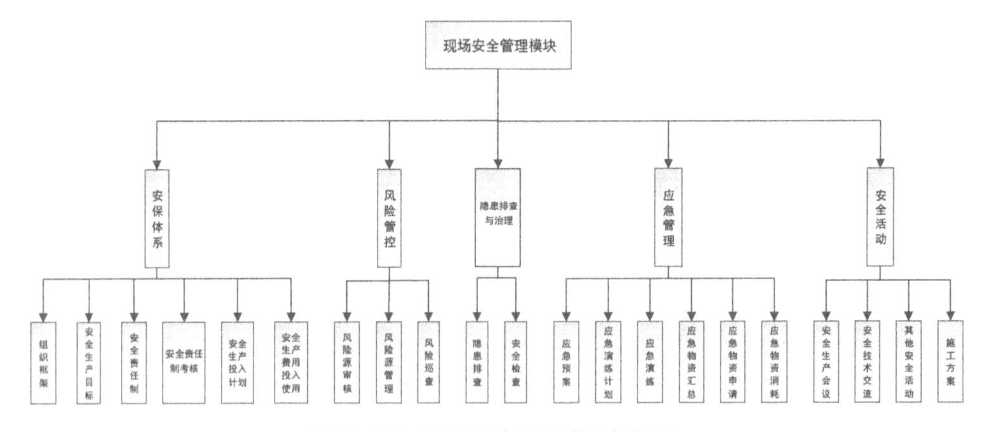

图 6-25　现场安全管理模块框架图

1. 安保体系

安保体系模块主要包含组织框架、安全生产目标、安全生产责任制、安全责任制考核、安全生产投入计划、安全生产费用投入使用六个子模块。

（1）组织框架：企业管理员可根据项目实际，依次点击【企业管理】—【部门与角色管理】形成符合各参建单位实际的组织框架图。组织框架图如图 6-26 所示。

图 6-26　参建单位组织框架图

（2）安全生产目标：安全生产目标管理模块主要为了实现安全生产目标的审核与年度考核。每年年初由施工单位安全管理部门以安委会名义发布年度安全生产目标与指标实施计划制定的通知。

a. 安全生产目标审核。施工单位各部门（安质部、工程技术部、综合管理部、财务部、投资运营部、开发经营部等）接到安全生产目标制定通知后，参考公司本年度安全生产目标，编制项目部各部门年度安全生产目标与指标实施计划。部门年度安全生产目标与指标实施计划编制完成后，由指定部员上传并发起安全生产目标会签流程，依次经过内部审核（部长、分管安全副经理、项目经理审核）和外部审核（专业监理工程师、监理总工程师），审核通过后由安全管理部门汇总、盖章、发布。

建设单位相应权限的用户可以在安全生产目标页面查看各建设项目安全生

产目标详情，施工单位相关责任人可上传、审核安全生产目标。安全生产目标上传窗口所含如下台账信息：部门、发起人 、发起时间、目标年度、安全目标、指标实施计划、流程步骤处理结果。

图6-27　安全生产目标上传页面

图6-28　安全目标上传窗口

详情 安全生产目标 | 详情

金沙洲安全生产目标

部门
工程部

发起人
广州建轩资产管理有限公司

发起时间
2019-10-29 09:23:41

目标年度
2020

当前流程步骤

安全目标

1、伤亡事故为零；
2、重伤事故为1‰；
3、轻伤事故频率不超过1‰。

实施计划

1、召开安全生产专题工作会议
2、组织安全生产检查
3、建立、健全安全管理体系，行政人事部牵头负责修改、完善安全管理制度。
4、执行金沙安全生产奖励及安全风险抵押金管理办法。
5、认真开展安全生产事故隐患排查，建立事故隐患和危险源台帐，制定整改和监控措施及应急预案，实行部门主管负责制。
6、落实项目施工安全许可证制度

流程步骤处理结果

尚未进行审批。

流程审批意见

流程审批结果：
同意 不同意

流程审批意见：

审批附件：

图6-29　安全生产目标审核界面

b. 安全生产目标考核。每半年/每季度安全领导小组对各部门安全生产目标与指标实施情况进行考核，安全领导小组考核完成后，由安全员将考核结果录入系统，考核页面字段主要包含：考核人、被考核部门、考核时间、考核结果（达标、未达标）、备注。

（3）安全生产责任制：每年年初由安全生产管理部门发布安全生产责任书签订通知，收到通知后，由下级向上级发起责任书签订流程（部员向部长发起、部长向相应部门分管副经理发起、其他部门分管副经理向分管安全副经理发起、分管安全副经理向总经理发起），从而完成责任书的层层签订。

责任书签订所含字段：×××安全生产责任书、安全职责、签订日期、签订人。

图 6-30　安全生产责任书签订

图 6-31　责任书签订页面

（4）安全责任制考核：年底由安全生产管理部门发布安全生产责任制考核通知，相关人员（全员）收到任务消息后，由下级向上级发起安全生产责任制考核流程，完成责任制考核。

责任制考核页面所含字段包括：考核年度、考核类型、被考核人、考核时间、考核组成员、安全责任制考核内容、考核总分。

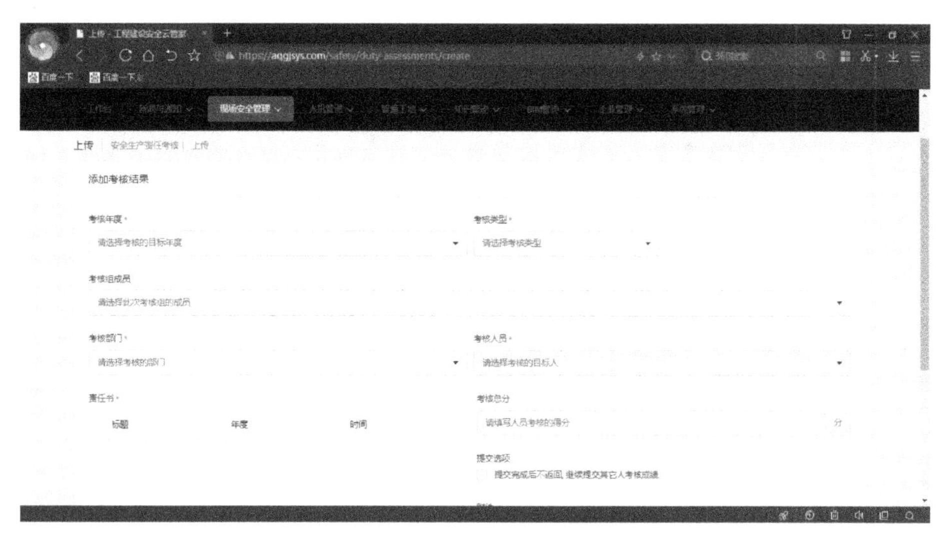

图6-32　安全责任制考核页面

（5）安全投入计划：安全生产计划模块主要实现安全生产投入计划申请、审核功能。由施工单位提交上传项目部本年度安全生产费用的总体计划、月度计划申请。提交申请流程后，依次经过监理单位、建设单位相关责任人审批。

安全生产费用申请页面主要包含如下台账信息：标题、年度、总投入、发布部门、发布时间、申请人。

安全生产费用月度计划，按项目实际可按每月或每季度为一期，每期上传下期安全生产费用月度计划申请流程。安全生产费用申请窗口主要包含如下台账信息：标题、年度、所在标段、安全生产费用投入计划、备注。

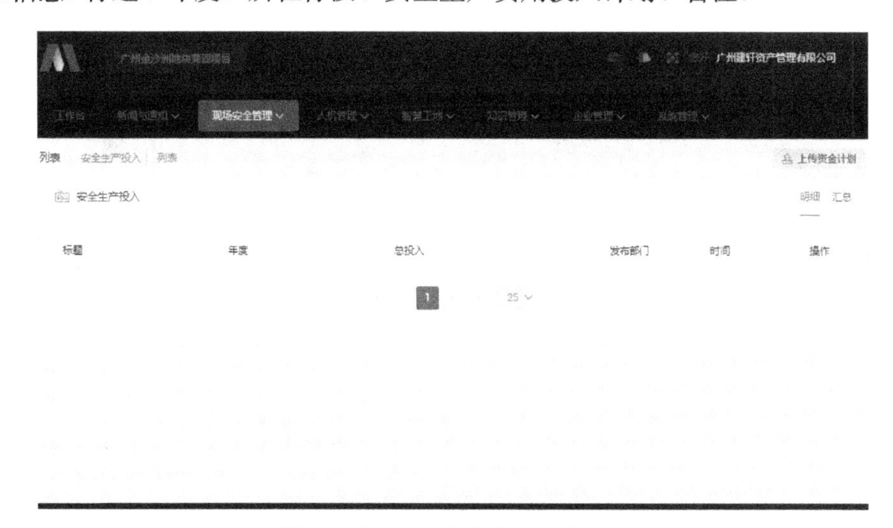

图6-33　安全生产费用申请页面

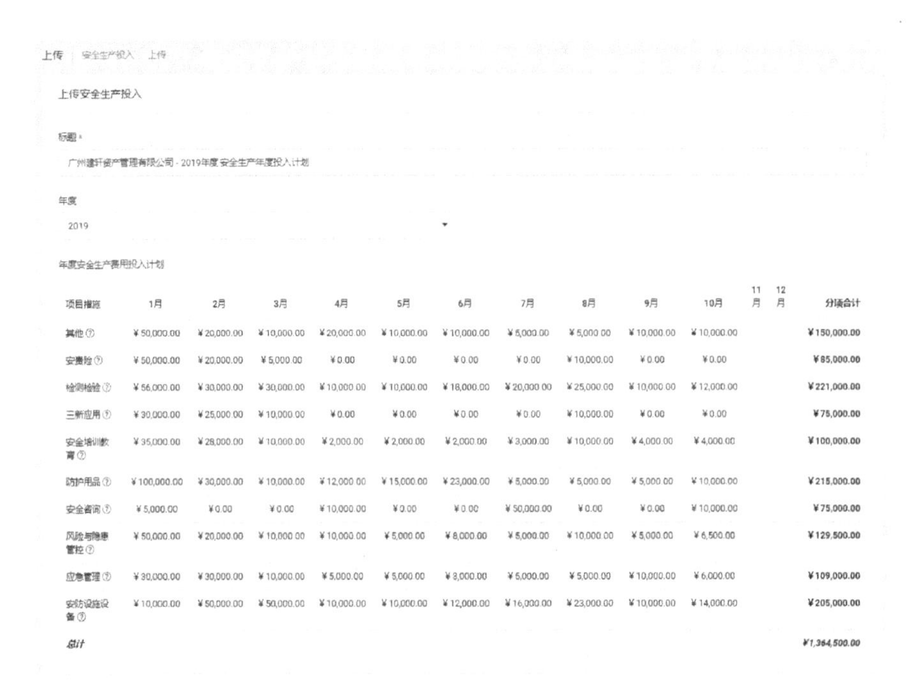

上传 | 安全生产投入 | 上传

上传安全生产投入

标题 *

广州建轩资产管理有限公司 - 2019年度安全生产年度投入计划

年度

2019

年度安全生产费用投入计划

项目措施	1月	2月	3月	4月	5月	6月	7月	8月	9月	10月	11月	12月	分项合计
其他 ⑦	¥50,000.00	¥20,000.00	¥10,000.00	¥20,000.00	¥10,000.00	¥10,000.00	¥5,000.00	¥5,000.00	¥10,000.00	¥10,000.00			¥150,000.00
安责险 ⑦	¥50,000.00	¥20,000.00	¥5,000.00	¥0.00	¥0.00	¥0.00	¥0.00	¥10,000.00	¥0.00	¥0.00			¥85,000.00
检测检验 ⑦	¥56,000.00	¥30,000.00	¥30,000.00	¥10,000.00	¥10,000.00	¥18,000.00	¥20,000.00	¥25,000.00	¥10,000.00	¥12,000.00			¥221,000.00
三新应用 ⑦	¥30,000.00	¥25,000.00	¥10,000.00	¥0.00	¥0.00	¥0.00	¥0.00	¥10,000.00	¥0.00	¥0.00			¥75,000.00
安全培训教育 ⑦	¥35,000.00	¥28,000.00	¥10,000.00	¥2,000.00	¥2,000.00	¥2,000.00	¥3,000.00	¥10,000.00	¥4,000.00	¥4,000.00			¥100,000.00
防护用品 ⑦	¥100,000.00	¥30,000.00	¥10,000.00	¥12,000.00	¥15,000.00	¥23,000.00	¥5,000.00	¥5,000.00	¥5,000.00	¥10,000.00			¥215,000.00
安全咨询 ⑦	¥5,000.00	¥0.00	¥0.00	¥10,000.00	¥0.00	¥0.00	¥50,000.00	¥0.00	¥0.00	¥10,000.00			¥75,000.00
风险与隐患管控 ⑦	¥50,000.00	¥20,000.00	¥10,000.00	¥10,000.00	¥5,000.00	¥8,000.00	¥5,000.00	¥10,000.00	¥5,000.00	¥6,500.00			¥129,500.00
应急管理 ⑦	¥30,000.00	¥30,000.00	¥10,000.00	¥5,000.00	¥5,000.00	¥8,000.00	¥5,000.00	¥5,000.00	¥10,000.00	¥6,000.00			¥109,000.00
安防设施设备 ⑦	¥10,000.00	¥50,000.00	¥50,000.00	¥10,000.00	¥10,000.00	¥12,000.00	¥16,000.00	¥23,000.00	¥10,000.00	¥14,000.00			¥205,000.00
总计													*¥1,364,500.00*

图6-34　安全生产费用申请窗口

图6-35　安全生产资金使用记录上传界面

（6）安全费用使用：安全费用使用模块主要实现安全生产资金投入的台账管理及安全生产资金投入使用的审核管理。施工单位安全生产支出后及时上传

安全生产资金使用详情及相关证明材料（票据、影像材料）；监理单位按每周或每月定期审核；建设单位对安全生产资金使用情况进行审批并及时计量支付。

安全生产资金投入使用的审核页面主要包含以下台账信息：标题、费用发生时间、所在标段、费用明细、备注说明、添加附件。

2. 风险管控

风险管控模块主要包括三项子模块，分别是：风险源审核、风险源管理、风险巡查，其中风险源审核流程主要实现风险源上传与审核功能。

（1）风险源审核流程主要实现风险源上传与审核功能。①风险源上传：高层建筑施工的安全风险总是随着施工进度、环境变化动态变化，新的安全风险发现途径主要包含以下两种：一是施工作业人员在施工作业过程发现新的安全风险；二是安全员在风险巡查过程发现新的风险源。对于第一种途径，施工作业人员应报告施工现场安全员，由安全员进行风险的初步定级，然后将风险源上传至管理平台，以待相关人员审核；对于第二种途径，安全员在初步定级后上传管理平台，以待相关人员审核。通过风险及时上传、审核，实现风险的动态管理。风险源上传页面主要包含以下台账信息：标题、风险源提交方式（Excel、手工填写）、风险源说明。对于需要大量上传风险源审核的情况，安全员可以选择Excel表格上传的方式，对于安全员日常巡查中或施工作业人员日常工作中发现的风险，可采用手动上传。其中选择Excel表格上传方式的，应在上传前下载示例文件，统一填写风险信息，从而实现安全风险管理的同质化、规范化和标准化。如图6-36～图6-38所示。

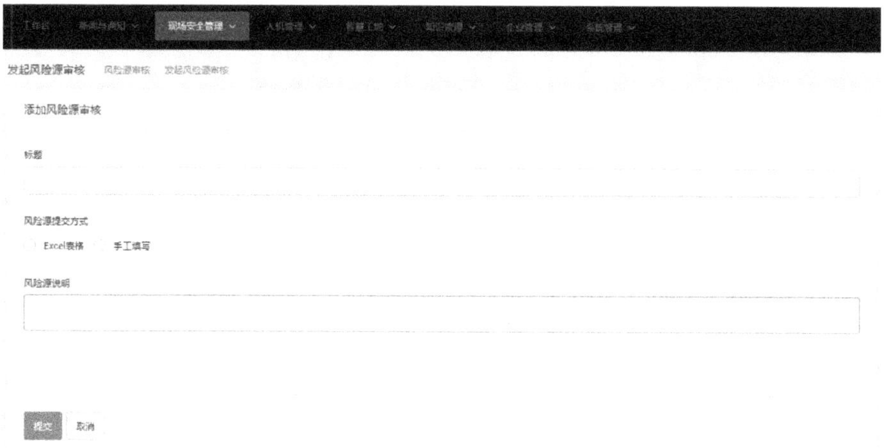

图6-36　风险源上传页面

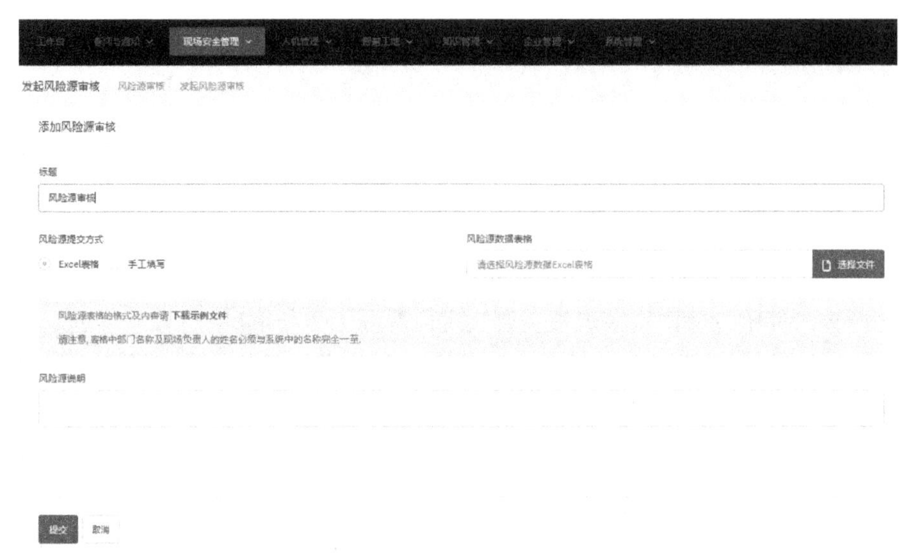

图 6-37　风险源批量上传页面

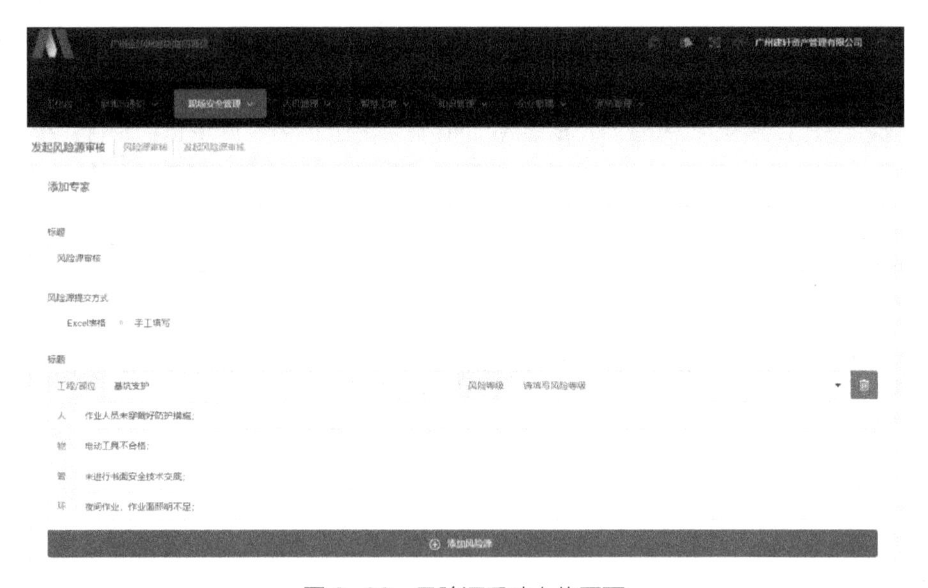

图 6-38　风险源手动上传页面

②风险源审核：安全员上传相关安全风险后，该风险信息会推送至相关责任人，由安全总监、技术负责人等人对新增风险的风险等级进行判定。相关责任人点击待办事项进行风险源的查看、审核工作。责任人查看风险源基本信息并浏览审批流程后，选择通过或不通过，填写流程审批意见。风险源审核界面如图 6-39 所示。

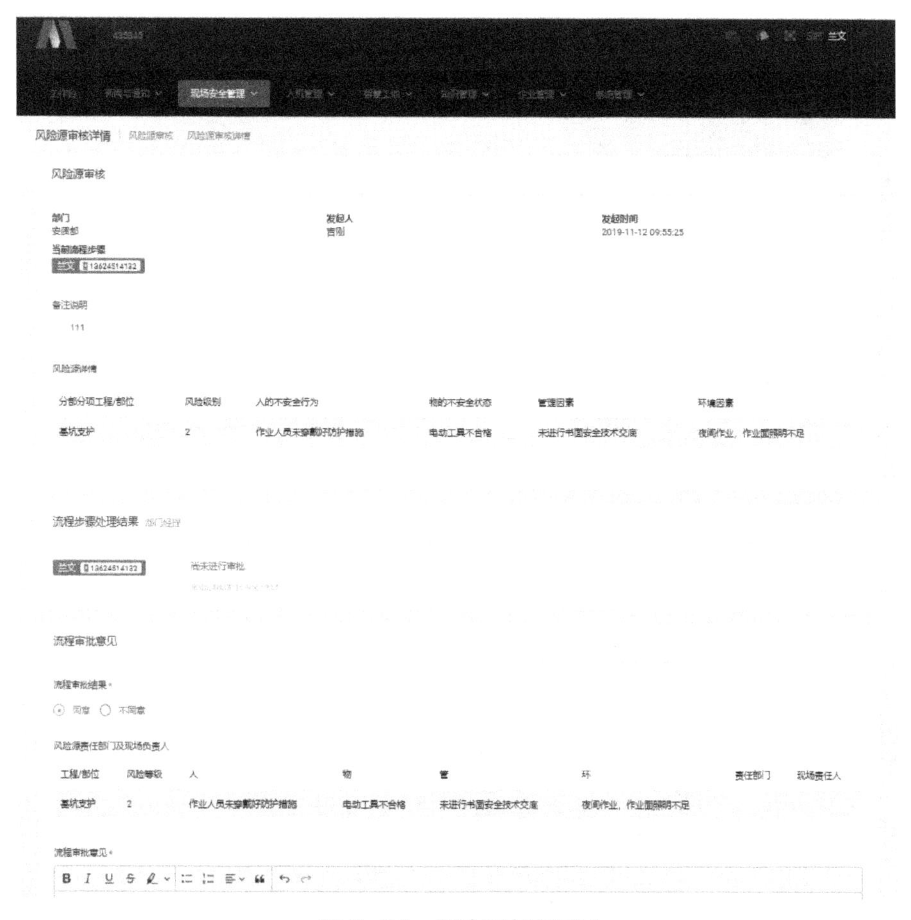

图6-39　风险源审核界面

（2）风险巡查是建筑施工企业落实安全风险管控措施，提升施工现场风险管理的重要途径。在分部分项工程施工前和施工过程，依据不同安全风险等级，由不同等级项目管理人员带队进行风险巡查。I级风险，由项目经理每月带队巡查一次；II级风险，由安全总监半月巡查一次；III级风险，由安全部长一周带队巡查一次，IV级风险，由安全员每日巡查。上一级负责巡查的风险，下一级必须同时负责巡查，并增加巡查频次。

为督促施工单位安全管理人员按规定频次进行风险巡查，同时保证风险巡查的真实性与准确性，本模块将较大风险（II级风险及以上）作业活动巡查任务生成二维码，并布置于其所属分部分项附近。巡查人员在施工现场扫描二维码，若未发现问题，系统保留巡查记录；若发现问题，巡查人拍照上传现场有关问题并填写问题详情。

图6-40 风险巡查二维码管理

（3）风险源管理模块主要实现建设、监理、施工单位对日常风险管理的实时查看，从而了解风险巡查状况。

风险源管理主要包含以下台账信息：分部/分项工程、二维码、风险级别、责任部门、现场负责人、上次巡查结果、上次巡查时间、上次巡查人、操作。

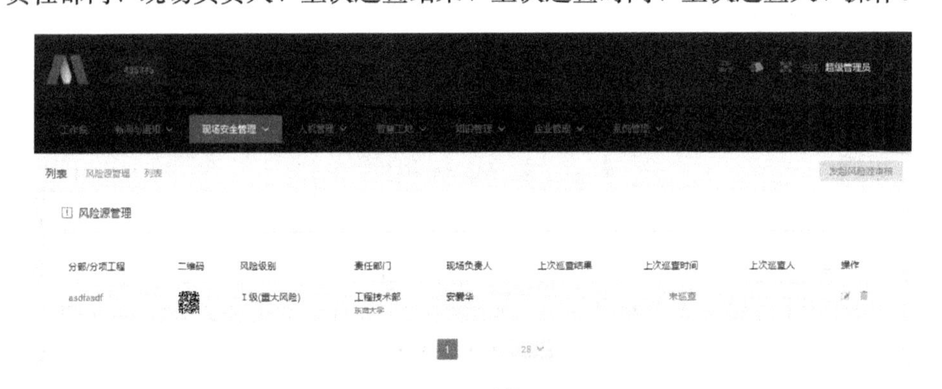

图6-41 风险管理页面

3. 隐患排查与治理

本模块主要包括两个子模块，分别是：隐患排查、安全检查。其中隐患排查子模块可以实现隐患上传、隐患整改、隐患复查、延期申请与审核四项功能。安全检查子模块包含上传检查结果、检查结果整改、整改复查、延期申请与审核。

（1）隐患排查页面显示该项目所有隐患信息，并按时间顺序倒序排列；每

条隐患信息包含以下台账信息：检查项、标段、检查人、整改责任人、整改期限、时间、操作。

现场安全管理

列表　隐患整改　列表

隐患排查与整改　　发起整改通知

检查项	标段	巡查人	需要整改	整改责任人	整改期限	时间	操作
金沙洲隐患整改4		吉刚	待定			今天 13:04	
金沙洲隐患整改3		超级管理员	待定			今天 08:56	
金沙洲隐患整改2		超级管理员	待定			11月6日	
金沙洲隐患整改1		超级管理员	待定			11月6日	

1　25

图6-42　隐患排查页面

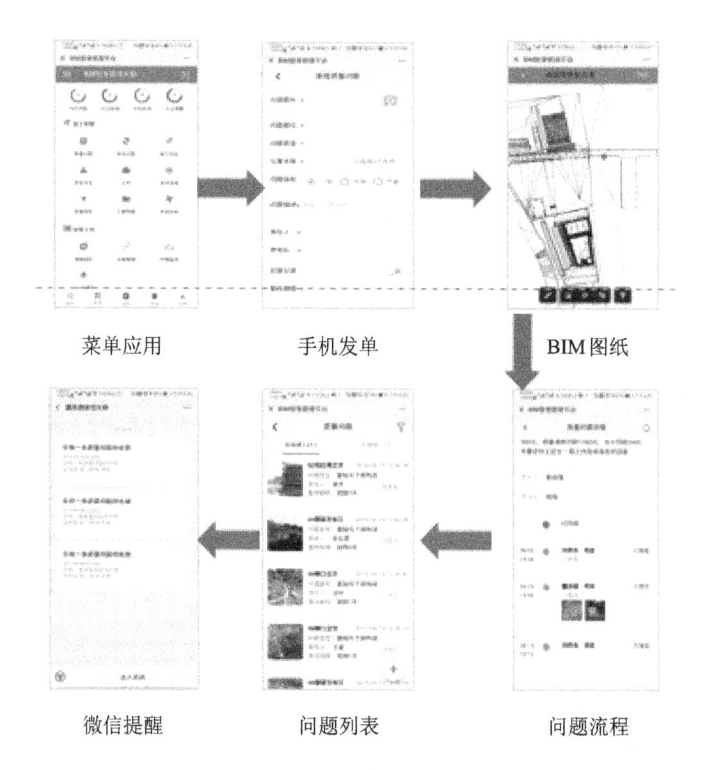

图6-43　移动端隐患上传流程

①隐患上传：施工单位在平时的日常安全检查、专项检查、专家级检查中发现事故隐患，直接通过本安全管理平台移动端上传隐患。隐患上传子模块主要包含以下台账信息：隐患名称、隐患上传时间、隐患上传人、隐患描述、整

改措施、整改期限、隐患整改责任人、隐患状态（治理中、已整改）。

②隐患整改：相关责任人上传隐患后，相应部门部长待办事项会接收到隐患整改任务流程，若部门部长对整改职责无异议，直接将流程发至指定部员。部员接到流程通知后，直接整改并上传整改回复。若对整改职责有异议，可将流程反馈至相应部门和人员。隐患整改回复主要包含：流程反馈部门、流程反馈用户、流程下步用户选择、流程审批结果、流程审批意见。

图6-44　隐患整改页面

③隐患审核：整改完成后，整改详情会推送至相关责任人，相关责任人在现场复查完成后，完成隐患复查审核。隐患复查审核包含以下台账信息：整改结果（整改到位、未整改到位）、审核意见。

④隐患延期申请与审核：如有整改方由于不可抗力原因无法按时完成，须发出延期申请。延期申请发出后，由隐患整改审核流程中上传方最高一级审核。审核人在代办事项中查看相关隐患整改延期申请。隐患延期申请界面应包含以

下台账信息：整改期限，延期时间，延期原因、上传附件。延期审核页面需填写台账信息包含：审核结果（通过或不通过），备注原因（不通过备注）。

（2）安全检查与隐患排查的功能相似，只是适用场景不同。安全检查主要应用于以下情形：在安全生产月、节前安全检查、特殊季节（汛期、夏季高温）及政府部门发文等情况下，建设公司安全管理部门根据具体需求发起相关主题的专项检查，指定隐患排查单位、排查主题、排查任务完成期限。隐患排查任务主要通过通知公告发布，主要包含如下台账信息：任务名称、任务发布单位、发布人、起始时间、终止时间、隐患检查单位、任务详情。

检查人员在安全检查过程中发现问题及时填写检查结果，提交结果后该检查结果自动跳转至隐患整改流程，在此不再赘述。

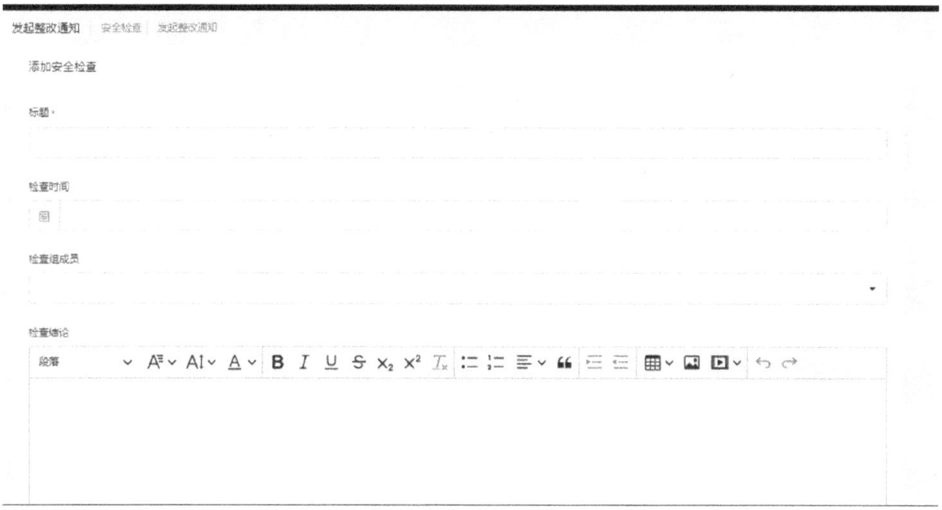

图6-45　检查结果填写页面

4．应急管理

应急管理模块主要包含应急预案、应急物资、应急演练，其中应急预案模块包括应急预案提交、应急预案审核两个子模块；应急物资模块包含应急物资申请、应急物资消耗、应急物资汇总三个子模块；应急演练包括应急演练计划、应急演练记录两个子模块。

（1）应急预案模块是为了实现施工单位建立应急预案无纸化管理，便于监理单位审查施工单位应急预案。该模块支持有相应权限的用户按照不同的筛选条件对应急预案进行查询、下载应急预案。

①应急预案提交：建筑施工单位按照国家对于应急预案体系的要求，编制

综合应急预案、专项应急预案、现场处置方案，并通过本子模块上传至安全管理平台。应急预案应包含如下台账信息：预案名称、预案类别（综合应急预案、专项应急预案、现场处置方案）、编制单位、发布时间、上传人。

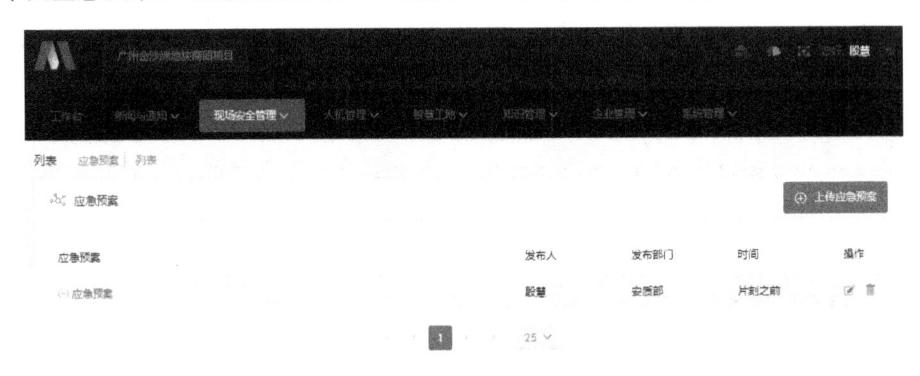

图6-46　应急预案管理页面

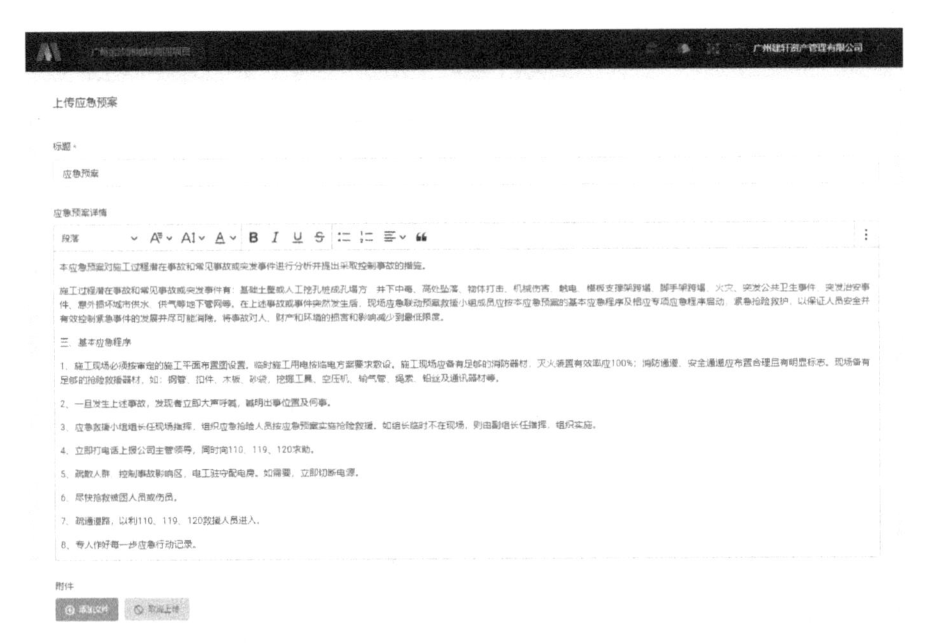

图6-47　应急预案上传窗口

②应急预案审核：施工单位上传应急预案后，该流程会发送至监理单位总监。监理总监在待办事项页面选择一条待审核应急预案，预案审核窗口应包含如下台账信息：审批人、审批意见（同意、驳回）、审批时间、备注（驳回时填写原因）。

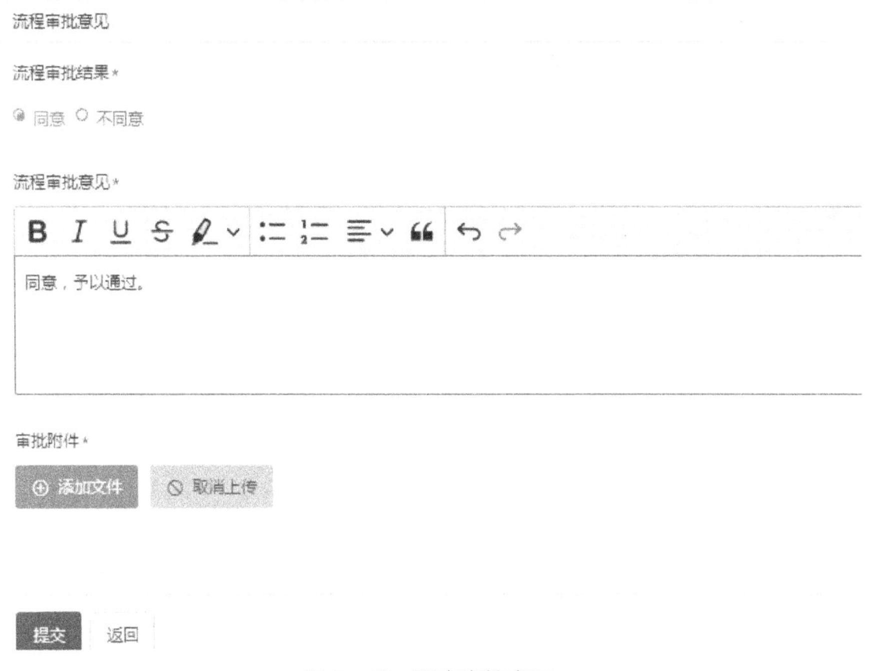

图6-48　预案审核窗口

（2）应急物资模块主要包含应急物资申请、应急物资消耗、应急物资汇总三个子模块，从而实现对应急物资的无纸化管理。

①应急物资申请：由安全员在本模块发起应急物资的购买申请流程，应急物资购买申请所含台账信息如下：标题、申请购买原因、购买物资明细（类别、名称、数量、单价）、上传附件。

图6-49　应急物资申请页面

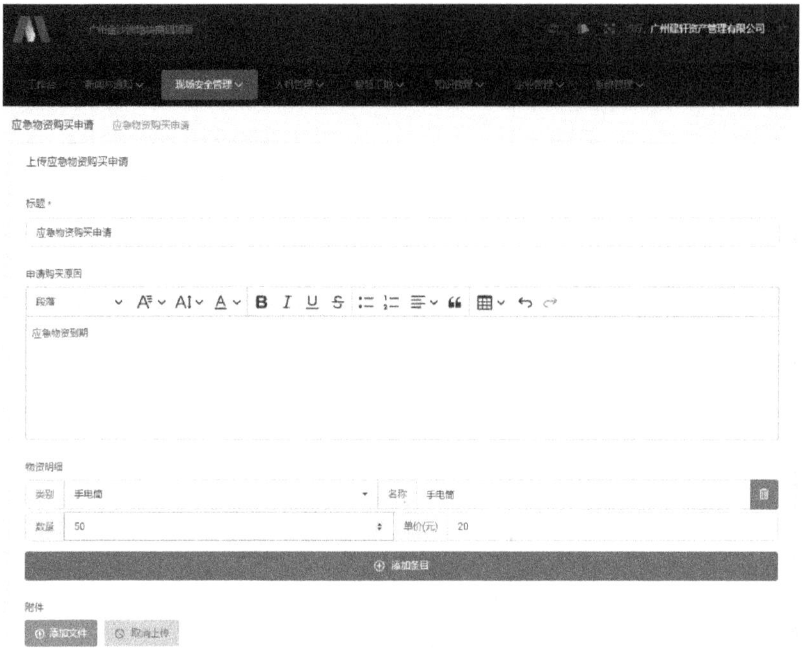

应急物资购买申请

上传应急物资购买申请

标题 *

应急物资购买申请

申请购买原因

应急物资到期

物资明细

类别 手电筒 名称 手电筒

数量 50 单价(元) 20

添加条目

附件

添加文件 取消上传

图 6-50 应急物资购买申请窗口

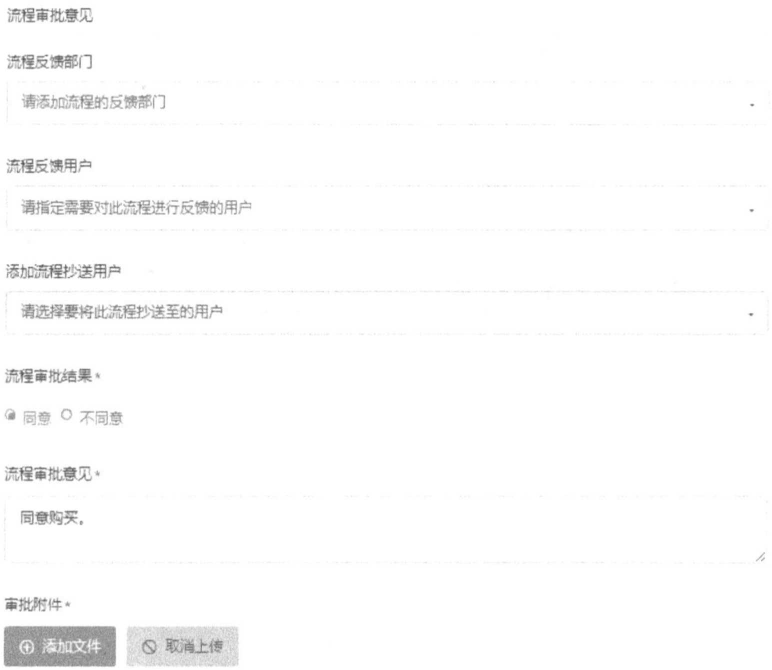

流程审批意见

流程反馈部门

请添加流程的反馈部门

流程反馈用户

请指定需要对此流程进行反馈的用户

添加流程抄送用户

请选择要将此流程抄送至的用户

流程审批结果 *

同意 不同意

流程审批意见 *

同意购买。

审批附件 *

添加文件 取消上传

图 6-51 应急物资购买审核窗口

应急物资购买流程发起后，相关责任人点击审核，审批窗口应包含如下台账信息：流程审批结果、流程审批意见、流程反馈部门、流程反馈客户、流程抄送用户。

②应急物资消耗：应急物资消耗模块是实现应急物资消耗台账的无纸化管理，并及时更新应急物资存在状态，使管理者及时、准确地了解应急物资存在状态。应急物资消耗上传应包含如下台账信息：使用及消耗原因、使用明细（类别、名称、数量）。

图6-52　应急物资消耗上传窗口

③应急物资汇总：应急物资汇总将自动计算购买应急物资与消耗应急物资之间的差值，并显示在应急物资汇总页面，该页面应包含如下台账信息：物资类别、标段、购入总量、使用次数、总计消耗、库存量、最后变更时间。

图6-53　应急物资汇总页面

（3）应急演练模块主要包含应急演练计划、应急演练记录两个子模块。

①应急演练计划：施工单位可通过该子模块提交应急演练计划，并查看应急演练计划会签状态。应急演练计划上传窗口主要包含如下台账信息：预案名称、预案计划年度、预案详情、应急预案演练计划申报表（扫描件）、应急演练方案（扫描件）。

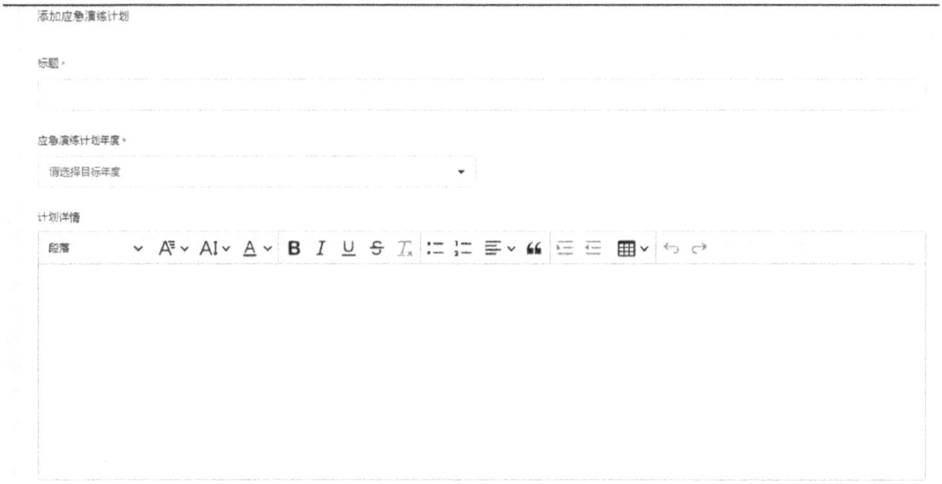

图6-54　应急演练计划上传窗口

图6-55　应急演练台账页面

新增　应急演练　新增
发起应急演练
标题*
应急演练开始时间*　演练地点*
参与演练部门
请选择需要参加演练的部门
参与演练用户
请选择其它需要参加演练的用户
应急演练详情
段落

图6-56　应急演练上传窗口

②应急演练：应急演练模块是为了对施工单位应急演练记录台账进行无纸化管理，并支持用户通过不同筛选条件查阅应急演练记录的台账信息。

应急演练实施后，由安全员填写应急演练记录台账信息：演练计划名称、实际演练时间、演练地点、参与演练部门、参与演练用户、演练会签单（扫描件）、演练签到表（扫描件）、现场实施方案（扫描件）、演练现场照片（扫描件）、演练评估报告（扫描件）。

新增　应急演练　新增
发起应急演练
标题*
应急演练开始时间*　演练地点*
参与演练部门
请选择需要参加演练的部门
参与演练用户
请选择其它需要参加演练的用户
应急演练详情
段落

图6-57　应急演练发起界面

5. 安全活动

安全活动模块主要为了建立安全活动电子台账，同时便于查询与统计分析，该模块包含安全生产会议、安全技术交底、其他安全活动、施工方案四个子模块。

（1）安全生产会议。施工单位开展安全生产会议前，在系统发布通知公告模块发布安全生产会议通知。系统PC、移动端会将会议详情发送至相关参会人员。相关人员接到通知后，若参会则点击参会确认按钮。

会议签到方式主要有二维码签到、纸质签到两种方式，施工单位根据自身情况选择签到方式。若选择纸质签到，则上传安全生产会议时应一并上传纸质签到照片。

安全会议上传页面主要包含如下台账信息：会议主题、副标题、会议时间、会议地点、会议主持人、会议内容。

图6-58　安全会议上传页面

（2）安全技术交底。相较于传统技术交底，本安全管理平台利用BIM的可视化、可模拟性的优势，对重点工序进行施工模拟。技术交底应分层次展开，直至交底到施工操作人员。安全技术交底主要分为两个层次：一、项目部总工在会议室给项目经理等项目管理人员进行的安全技术交底；二、技术员和安全员在施工现场给施工作业人员进行的技术交底。

项目部总工在进行安全技术交底时，可利用办公室的多媒体设备播放重点工序的施工模拟动画，生动地对施工方案进行交底，从而使被交底人员对于工程特点、技术质量要求、施工方法与措施和安全等方面理解更为透彻，达到降低安全事故发生可能性的目的。

由施工单位总工开展的安全技术交底会议，其签到方式主要有二维码签到、纸质签到两种方式，施工单位根据自身情况选择签到方式。若选择纸质签到，则在上传安全技术交底会议时，一并上传纸质签到照片。项目总工在进行技术交底后，可指定技术人员上传技术交底会议内容。

安全技术交底会议上传页面主要包含如下台账信息：会议主题、会议时间、会议地点、会议主持人、交底内容。

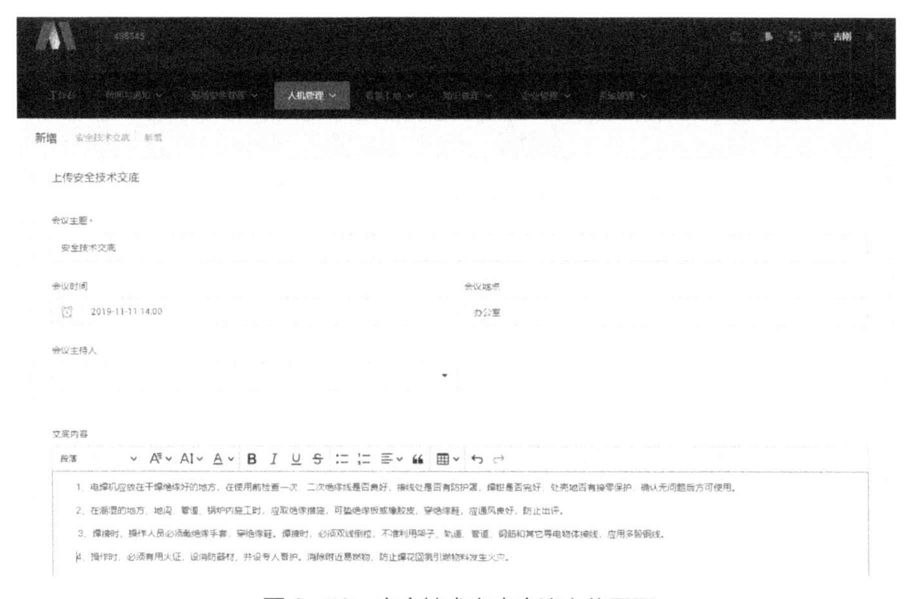

图6-59　安全技术交底会议上传页面

通过平台生成施工模拟及技术交底的二维码，并将其布置于施工现场。技术员或安全员在现场进行技术交底时，施工作业人员可通过手机扫描二维码，就能查看相应的交底文字内容和施工模拟视频，通过文字与模拟视频相结合的方式，让施工作业人员能直观准确地掌握整个施工过程和技术要点难点，避免施工中因过程不清楚、技术经验不足造成的安全问题。

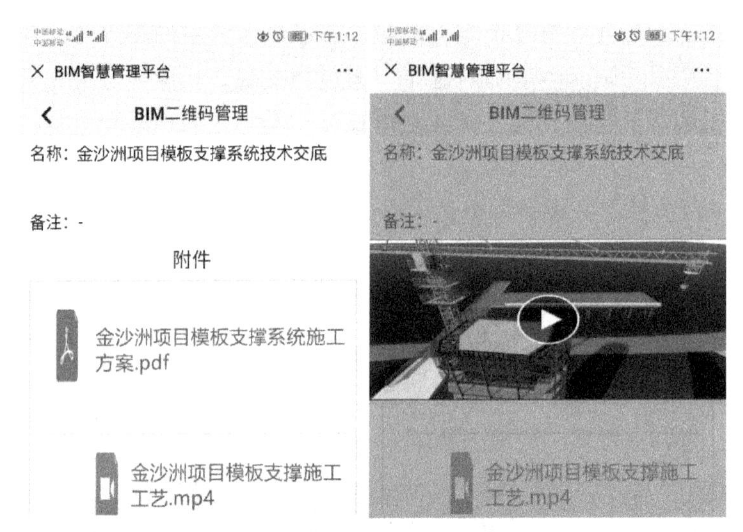

图6-60　技术交底二维码扫描展示

（3）其他活动。项目部相关责任人在发起其他类型的活动时，可以在该模块建立台账记录。其他安全活动发起页面包含如下字段：活动主题、活动类型、活动时间、活动地点、参与活动部门、参与活动用户、活动内容、添加附件。

图6-61　其他活动发起界面

（4）施工方案。对于超过一定规模的危险性较大的分部分项工程，施工单位需要编制专项施工方案，并组织评审。施工方案审核页面主要包含以下字段：施工方案名称、施工方案详情、添加附件。

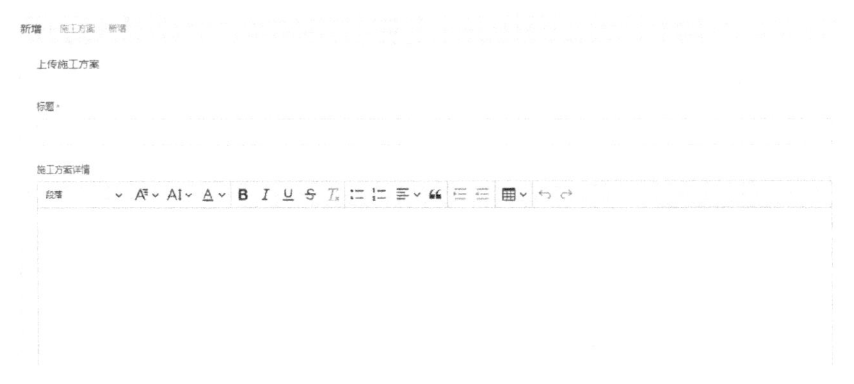

图6-62 施工方案审核页面

6.5.6 智慧工地

智慧工地主要包含设施监测、环境监测、预警管理、视频监控四个模块，其中预警管理模块包括：发布预警信息、预警处置申请、预警消除审批三个子模块。

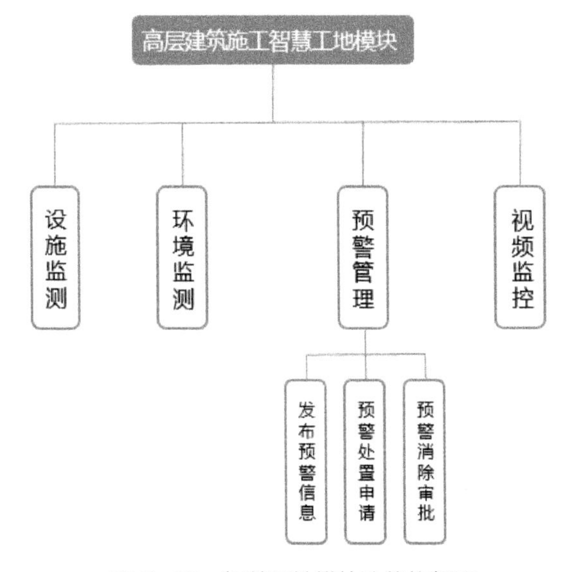

图6-63 智慧工地模块功能构架图

1. 设施监测

设施监测主要实现对存在较大安全风险的大型设备设施（塔吊、物料提升机、龙门吊等）进行实时监测监控，并可以实现对监测数据进行统计分析，便于建设、监理、施工、第三方监测单位等及时了解设备设施运行情况。本系统平台留有数据接口与施工单位监测数据中心相连接，获取设备实时监测数据，并自动形成台账信息。以塔吊为例，通过传感器采集塔吊力矩限制器、起重量限制器、幅度限位器、回转限位器及高度限位器的各项运行数据，并形成起重力矩、起重量、幅度、回转角和允许高度等台账信息。

2. 环境监测

环境监测主要实现对施工现场噪声、扬尘、污水的实时监测，便于建设、监理、施工单位等及时了解现场扬尘、噪声、污水治理情况。本系统平台留有数据接口与扬尘噪声污染监测系统相连接，获取设备实时监测数据，并自动形成台账信息。

3. 预警管理

预警管理包括发布预警信息、预警处置申请、预警消除审批三个子模块。

（1）发布预警信息：当监测数据超过安全阈值时，安全管理平台会立即发出警报，并将预警信息（监测点位置、监测点数据、超出阈值绝对值等）以系统、微信、短信提醒等方式发送给相关责任人，相关责任人打开管理平台及时了解现场情况，并迅速赶往险情点。

预警信息包含：预警发生地点、异常监测数据和正常值、预警等级。

（2）预警处置申请：相关责任人在接到预警信息后，迅速处理，处置完成后将处置信息上报，申请对预警信息进行消警或降级处理。相关责任人将处置信息上报时应填写如下台账信息：申请人、所属单位、预警区域、处置措施、申请处置意见（消警或降级）、处理图片、添加附件、备注。

（3）预警消除审批：审批人现场核实险情是否消除后，在系统代办事项中点击相应预警处置申请，查看详情后，选择是否通过消警或降级申请。如通过，则进行下一步审批，如不通过，则流程返回申请人。

4. 视频监控

视频监控模块主要是实现对施工现场关键部位实时监控。通过将监控视频信息与对应位置的BIM模型进行关联，用户通过点击模型对应位置即可实时查看现场情况、发现现场“人、物、环、管”存在的隐患。此外，通过配备音频设备，企业主要负责人和安全管理人员在办公室通过音频喊话即可第一时间制止现场作业人员的不安全行为，并可直接右击对不安全行为进行截图，同时发起隐患整改流程，从而实现隐患排查治理的闭环管理。

6.5.7 人机管理

近年来，特种设备数量及特种设备作业人员逐年呈15%的趋势增加，特种设备作业违章操作及管理不善引发的事故近年呈上升趋势，且事故后果多较为严重。此外，随着施工难度的增加，特种设备的品种、规格、数量进一步增多，这对特种设备作业人员的数量和素质要求越来越高。在此背景下，国家出台多部法律，对特种设备及特种作业人员管理作出明确规定，其中《中华人民共和国特种设备安全法》规定特种设备使用单位应当按照国家有关规定配备特种设备安全管理人员和作业人员，并对其进行必要的安全教育和技能培训;《特种设备作业人员监督管理办法》规定特种设备安全管理人员和作业人员应当按照国家有关规定取得相应资格，方可从事相关工作。因此，必须依法强化对特种作业人员和特种设备的管理。

目前，施工现场特种作业人员及特种设备管理主要存在以下问题：

（1）特种作业人员无证上岗情况较为严重。

（2）特种设备台账管理不健全，特种设备未及时登记的问题较为突出。

因此，针对以上问题本安全管理平台人机管理模块规范人员信息管理、特种设备信息管理、特种作业人员证件信息管理流程，建立规范统一的特种作业人员和特种设备管理台账。

人机管理主要包含人员管理、设备管理两个模块。其中人员管理包含人员花名册、特种设备操作员、证件信息三个子模块。设备管理包含特种设备管理、维保记录两个子模块。

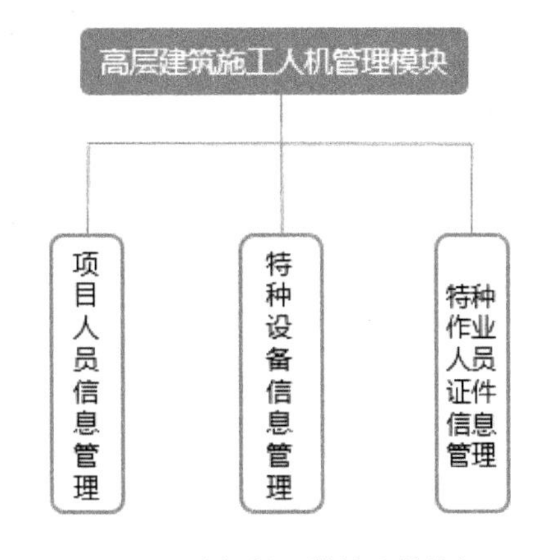

图6-64　人机管理模块功能构架图

1．人员管理

（1）人员花名册：人员花名册模块主要实现对项目部人员台账的无纸化管理，由安全员将相关信息导入，人员花名册页面主要包含如下台账信息：姓名、性别、年龄、所在企业、部门、进场时间、离场时间。

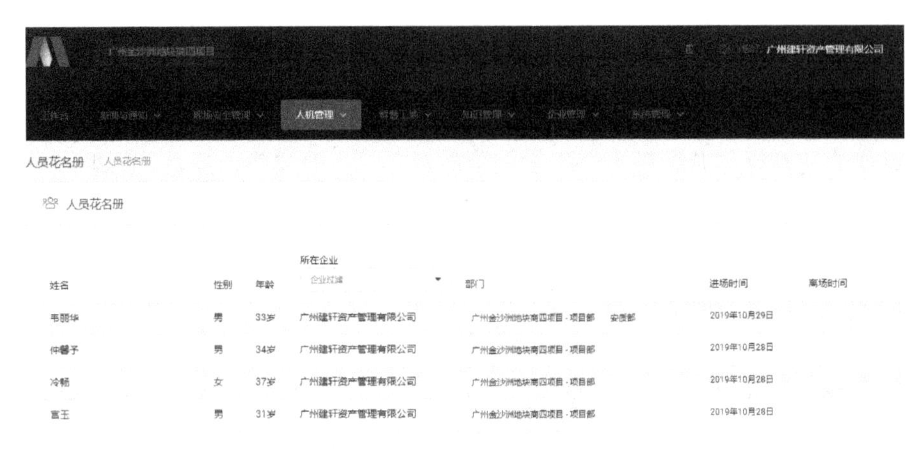

图6-65　项目人员信息管理页面

（2）特种作业人员：特种作业人员子模块主要实现对特种作业人员台账的无纸化管理，该页面主要包含如下台账信息：姓名、性别、年龄、所在企业、证件类型、时间。

图6-66　特种作业人员页面

（3）证件信息：证件信息子模块主要实现对项目部人员证件（岗位证、从业资格证）、特种作业人员证件信息管理，由安全员上传项目部特种作业人员的证件信息，主要包含以下台账信息：姓名、所在企业、证件名称、证件类型、证件编号、发证单位、有效期限。人员证件到期系统会以短信、微信等方式提醒人员及时更换。

图6-67　项目人员证件信息管理页面

2. 设备管理

设备管理主要包含特种设备管理和维保日志两个子模块。

（1）特种设备管理：特种设备管理是实现对特种设备信息及维修保养记录的无纸化管理，由安全员将相关信息导入，特种设备信息管理页面应包含的台账信息如下：序号、设备名称、设备登记编号、安装/进场日期、使用证有效期、拆除日期/离场时间、备注。

图6-68　特种设备管理页面

（2）维保日志：设备维修保养应包含以下台账信息：设备名称、使用地点、进场日期、检查/维修/保养内容、维修、检查人/维修保养人员、上传检查表附件。

图 6-69 新增特种设备窗口

图 6-70 特种设备维修保养上传界面

6.5.8 知识管理

我国对于建筑施工企业安全教育工作高度重视，不仅确立了安全培训工作实行方针：统一规划、归口管理、分级实施、分类指导、教考分离，而且制定体系完善的法律体系，明确规定了各个行业的主要负责人、安全管理人员、施工作业人员的安全教育学时、内容等方面内容。此外，安全教育的落实情况也是各级安全监督管理部门及行业主管部门监督检查的重点。然而，传统的安全教育培训还停留于说教式培训，方式过于单一，培训效果难以让人满意，此外，生产经营单位教育学时不足、培训资料作假的情况较为普遍。针对以上弊端，课题组利用信息管理平台的流程管理、线上安全教育很大程度上杜绝了安全教育学时不足、安全教育资料造假的情况；利用BIM的可视化、模拟性特点，使安全教育培训变得更加形象直观，使其不受施工作业人员文化程度、技术水平、工作经验等的限制。

本模块的建设是为满足施工单位员工教育培训，除了实现传统安全教育对于教材案例、专家库、安全生产题库的台账管理，还通过与已有培训教育系统对接，获得相关教育培训及考试等各项信息统计分析数据。此外，利用BIM可视化的优势，直接将BIM建筑模型进行施工模拟，解决传统技术交底不深入，理解不到位的窘境。本模块主要包含教材案例库、专家库、安全生产考试、安全教育统计分析、BIM 动画漫游展示五个子模块。安全教育培训模块功能构架如图 6-71 所示：

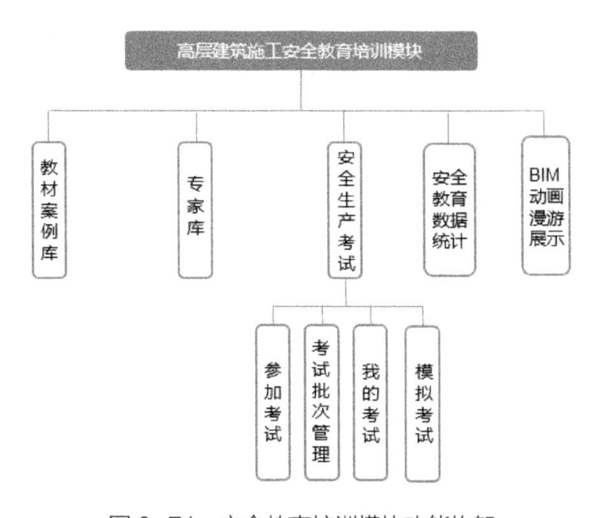

图 6-71　安全教育培训模块功能构架

1. 教材案例管理

教材案例管理主要是各施工单位对于安全相关教材案例的资料管理模块，用户可上传任何形式的教材案例和事故分析（文本、视频、图片等）。

图 6-72　教材案例管理页面

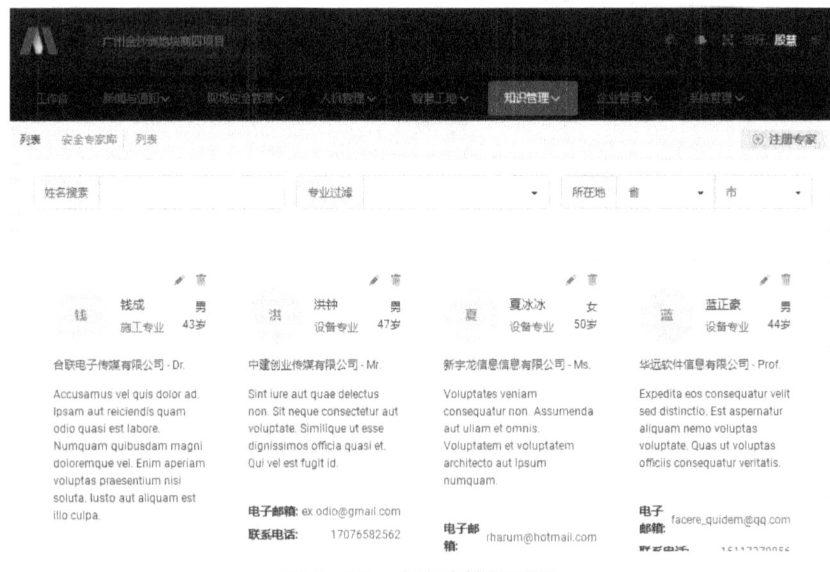

图 6-73　专家库管理页面

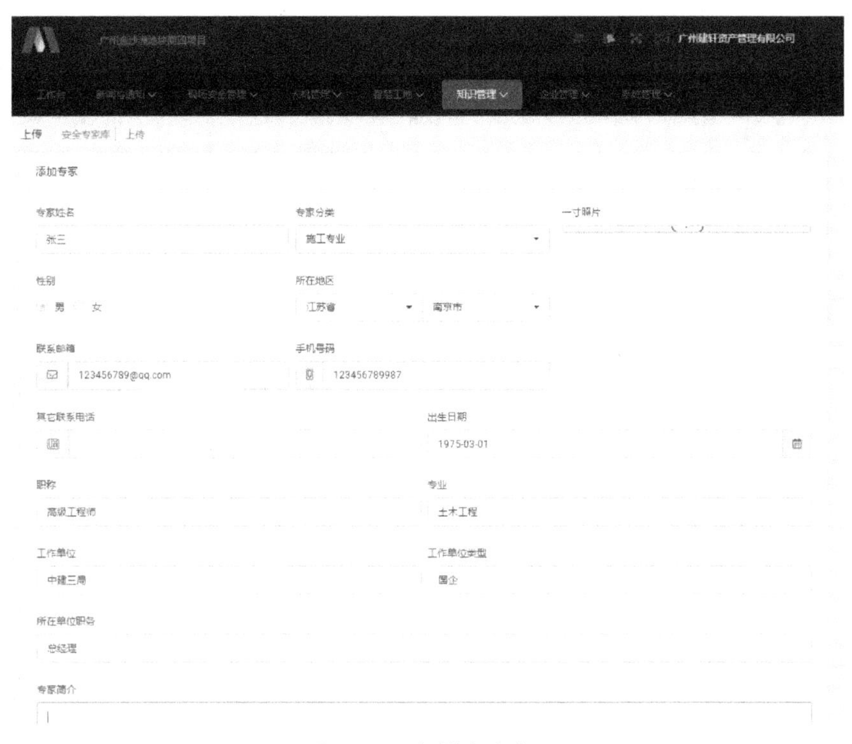

图6-74 新增专家窗口

2. 专家库管理

专家库管理主要是对安全业务相关专家信息进行管理，方便根据需要邀请专家对员工进行安全培训。用户可通过专业、职称筛选和关键词查询相关专家，也可通过新增、导入专家信息。专家库管理台账信息包括：专家姓名、专家分类、性别、专业、工作单位、所在地区、职称、职务、联系方式、出生日期、对接人、资料更新日期和备注。

3. 安全生产考试

安全生产考试管理主要分为参加考试、考试批次管理、我的成绩、模拟考试四部分；该模块是为了实现施工单位安全教育培训“无纸化管理”，方便安全管理人员安全教育培训的流程化管理、减少安全管理人员重复作业。

（1）考试批次管理：考试批次管理子模块主要实现安全考试任务的发起和考试结果的统计分析。在每次安全教育培训完成后，安质部新增相应的考试任务，新增考试场次主要包含以下台账信息：考试场次名称、考试类型、考试参与人员方式、考试的部门、考试开始时间、考试结束时间、考试场次说明。

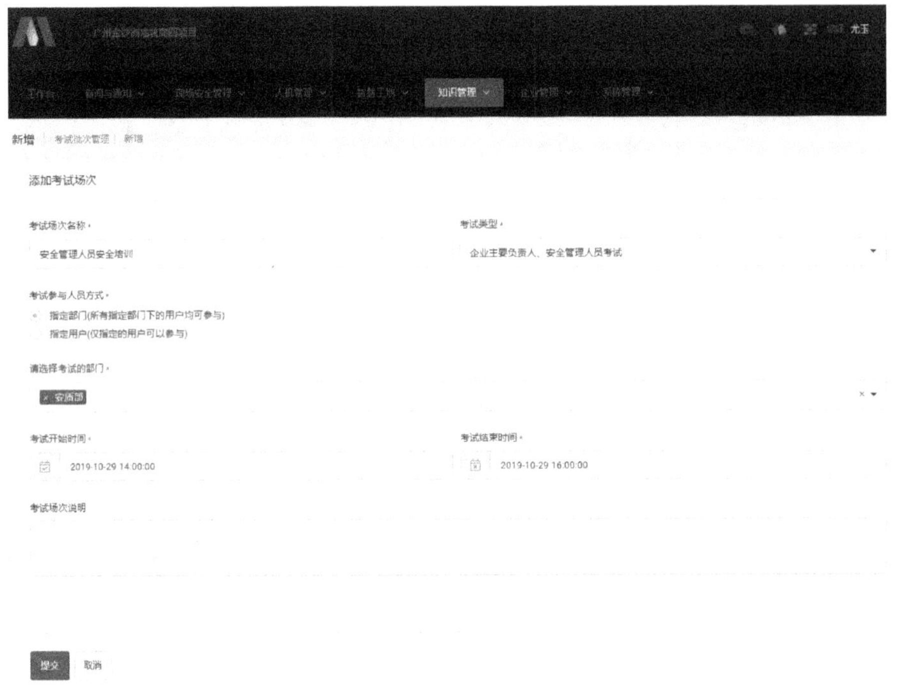

图 6-75 新增考试场次窗口

相关责任人可在考试批次管理页面查看任一批次的考试结果，考试批次管理窗口主要包含以下台账信息：考试类型、组织者、应参加人数、实际已参加人数、开考时间、结束时间、考试成绩。

知识管理

列表 考试批次管理 列表

考试场次列表 发起新考试

名称	考试类型	目标类型	参与人数	组织者	时间	操作
企业主要负责人、安全管理人员考试	企业主要负责人、安全管理人员考试	部门	21	广州建轩资产管理有限公司	昨天 12:00 明天 12:00	
项目主要负责人安全考试	企业主要负责人、安全管理人员考试	部门	21	广州建轩资产管理有限公司	昨天 09:00 昨天 11:00	
安全考试	企业主要负责人、安全管理人员考试	部门	21	广州建轩资产管理有限公司	今天 12:00 今天 14:00	
安全管理人员安全培训	企业主要负责人、安全管理人员考试	部门	25	广州建轩资产管理有限公司	今天 14:00 今天 16:00	
安全管理人员安全培训	企业主要负责人、安全管理人员考试	部门	25	尤玉	今天 14:00 今天 16:00	

图 6-76 考试结果查询页面

图6-77　考试批次管理窗口

（2）参加考试：需要参加考试的用户在参加考试子模块可查看自己需要参加的考试详情，主要包含如下台账信息：批次、考试类型、总题目数、总分数及格分数、考试时长、考试时间。点击考试场次，即可参加本次考试。

图6-78　参加考试管理界面

图 6-79 在线考试界面

（3）我的成绩：用户可在我的成绩子模块查看本人历次考试成绩，我的成绩页面主要有以下台账信息：考试时间、考试用时、答题数量、正确率、考试成绩。

图 6-80 我的成绩管理页面

（4）模拟考试：用户可在模拟考试子模块进行模拟考试，具体页面布置见图 6-81：

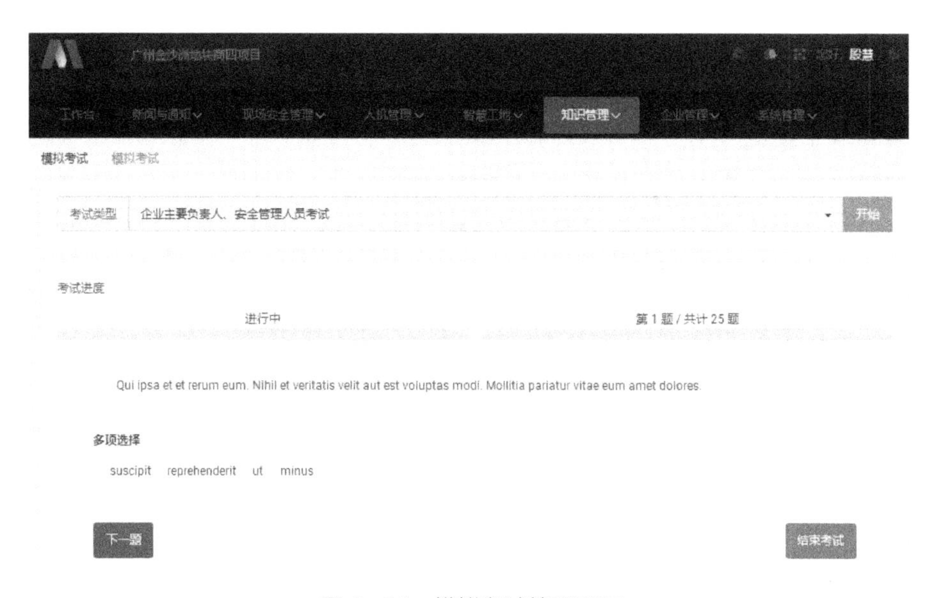

图6-81 模拟考试管理页面

4. BIM动画漫游展示

本模块主要利用BIM的可视化、模拟性等特性，提升安全教育培训、安全技术交底效果。

安全教育培训：基于BIM可视化特性，施工单位可直接利用BIM施工模型进行安全教育，无须重新制作安全动画和视频，从而节省了时间和成本；将安全风险辨识、评估、控制措施存储为图片、视频文件、BIM族文件等格式，结合 Navisworks进行动画漫游；通过对安全事故场景进行还原，利用BIM制作相应动画视频，从而切实增强工人的安全防范意识。

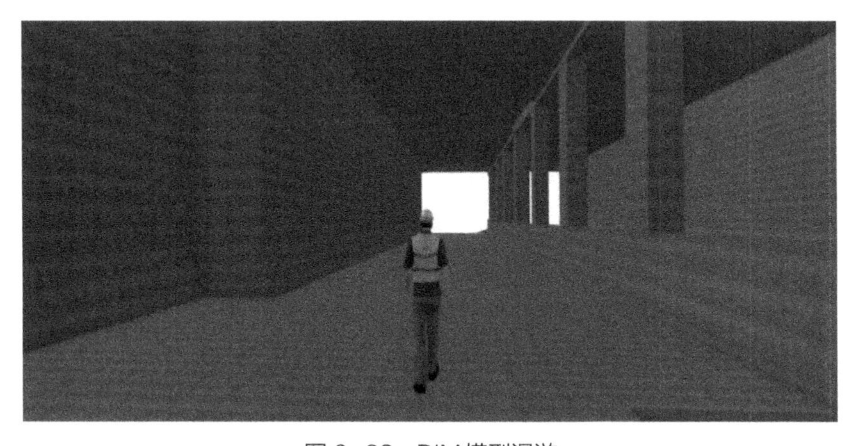

图6-82 BIM模型漫游

安全技术交底：对于重点工序，利用BIM的可视化、可模拟性的优势，对相应施工过程进行施工模拟；通过平台生成施工模拟及技术交底的二维码，并将其布置于施工现场，技术负责人在进行技术交底时，施工作业人员可通过手机扫描二维码，就能查看相应的交底文字内容和施工模拟视频，通过文字与模拟视频相结合的方式，让施工作业人员能直观准确地掌握整个施工过程和技术要点难点，避免施工中因过程不清楚、技术经验不足造成的安全问题。

6.5.9 企业管理

企业管理模块主要包含：企业资料管理、企业项目管理、流程定义管理、部门与角色管理、企业用户管理、用户注册申请、日志管理七个子模块。

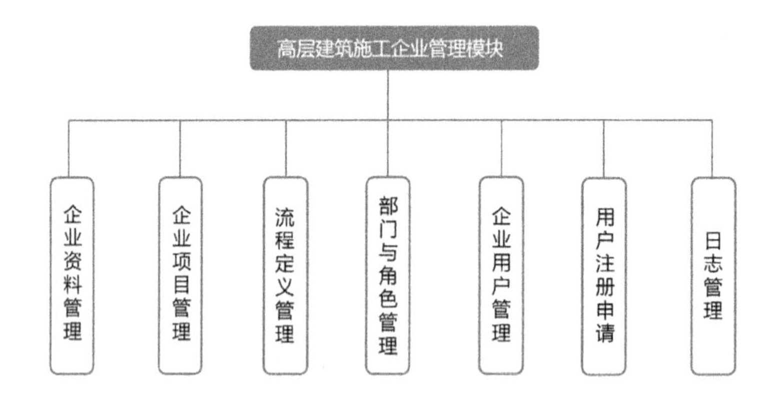

图6-83 企业管理模块功能构架

企业资料管理

企业基本信息

企业名称•

东南大学

统一社会信用代码•

9144010105656500OH

企业本部所在地址

广东省 ▾ 广州市 ▾ 白云区花锦街8号101房

企业联系人

企业资质

提交 取消

图6-84 企业资料管理页面

1. 企业资料管理

企业资料管理主要是实现广州市建轩资产管理有限公司对于所有建设项目参建单位企业信息的管理。企业资料管理页面包含以下台账信息：企业名称、统一社会信用代码、企业本部所在地址、企业联系人、企业资质。

2. 企业项目管理

企业项目管理主要实现对广州市建轩资产管理有限公司对于所有建设项目信息管理。企业项目管理页面应包含以下台账信息：名称、项目类型、项目地址、建设周期、时间、操作。

图6-85　企业项目管理

此外，施工单位可通过本模块上传项目效果图和BIM模型。

图6-86　项目信息上传页面

3. 流程定义管理

流程定义管理模块主要实现施工单位（依据本单位安全管理实际）对于安全管理功能模块的流程定义。流程定义管理页面应包含以下台账信息：流程名称、所属项目、流程字段、流程步骤、创建时间。

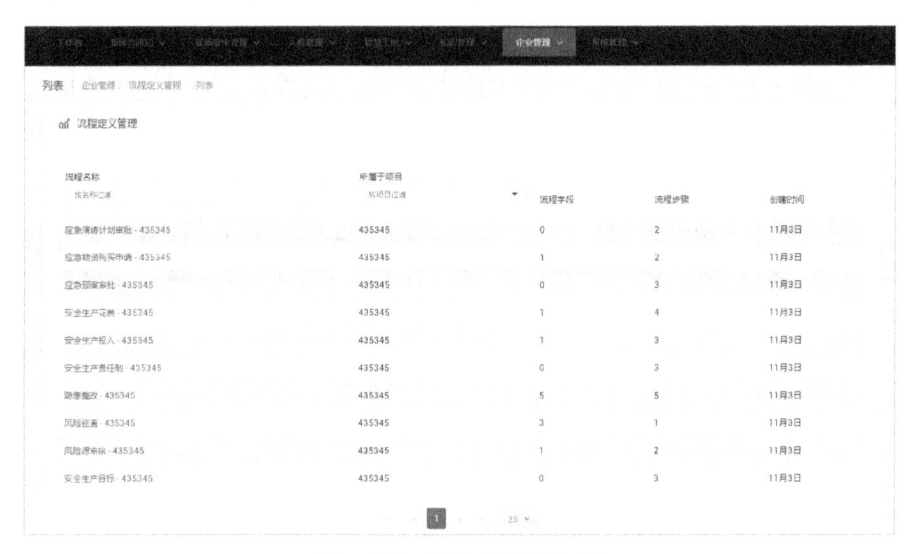

图6-87　流程定义管理页面

图6-88 流程定义设置页面

编辑流程定义页面应包含以下台账信息：流程定义名称、流程说明、流程选项文字、流程选项、流程字段、流程存档部门、其他可查看流程的角色、流程图结构、流程属性节点编辑（步骤类型、步骤说明、步骤自动过期时间、步骤重填字段、步骤属性）。

4. 部门与角色管理

部门与角色管理模块主要实现对参建单位（建设、施工、监理、设计等）对项目部组织机构和人员管理。部门与角色管理应包含以下台账信息：名称、类型、分管领导、时间、操作。点击操作栏可实现部门、人员的增加、编辑、删除操作。

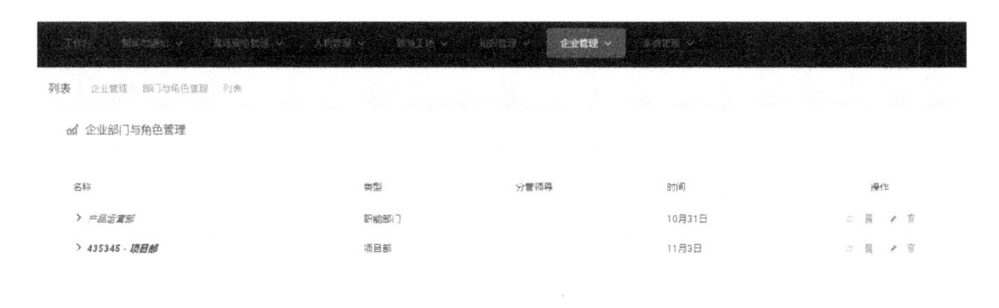

图6-89 部门与角色管理页面

图6-90　添加部门角色页面

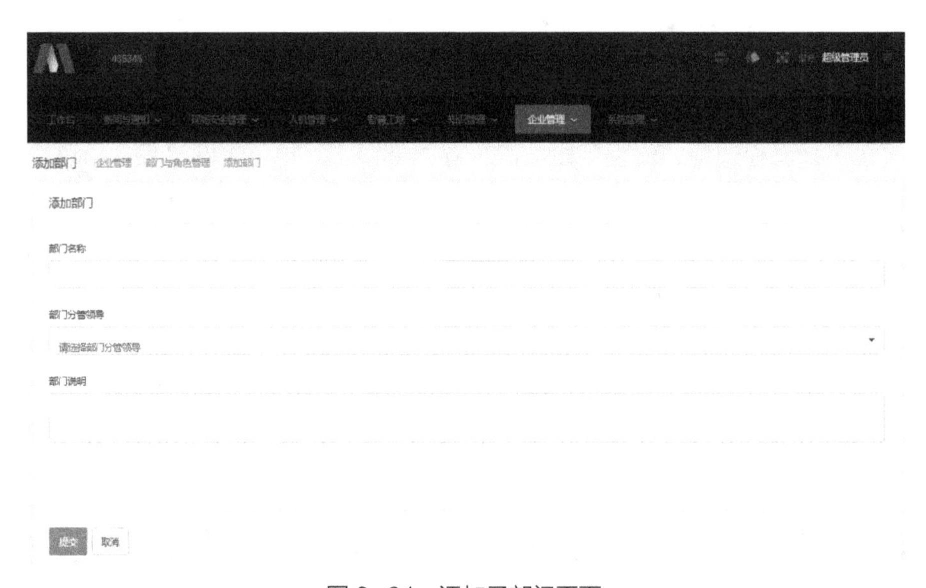

图6-91　添加子部门页面

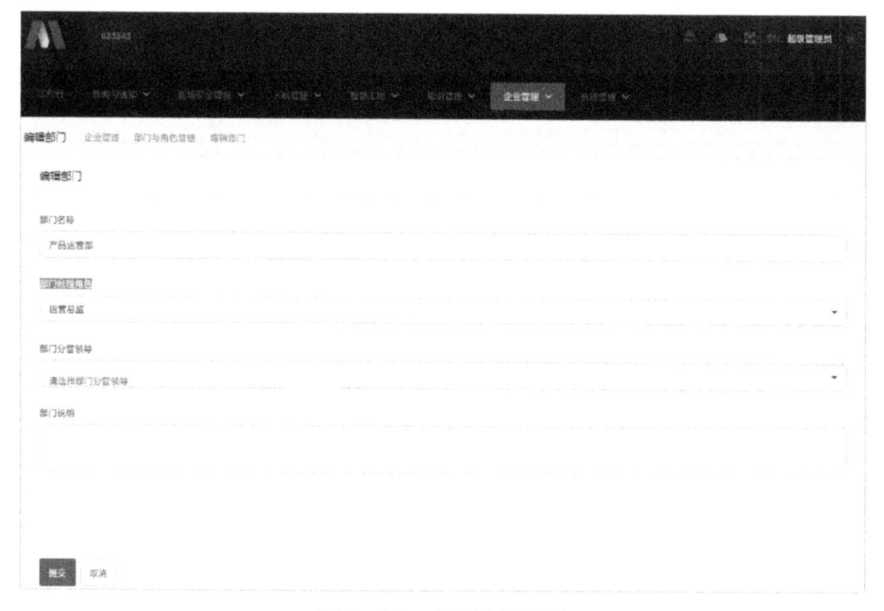

图6-92　部门编辑页面

5. 企业用户管理

企业用户管理模块便于用户查询权限范围内用户的联系方式及证件情况。企业用户管理页面包含以下台账信息：姓名、性别、手机号、证件数量、角色、注册时间、操作。

用户列表　企业管理　企业用户管理　用户列表

企业用户管理　添加用户

姓名	性别	手机号	证件数量	角色	注册时间	操作
姬秀英	男	15059001668	3	部长	11月5日	
尤志强	男	18064859372	4	资料员	11月5日	
桑金凤	女	17011034083	2	部长	11月5日	
季智明	女	18319358929	4	项目总工程师	11月5日	
龙明	男	18440556861	4	测量工程师	11月5日	
司捷	女	18350184853	1	部长	11月5日	
竞志勇	男	13068384347	4	部长	11月5日	

图6-93　企业用户管理页面

在操作栏可实现用户的添加与删除。用户添加页面包含以下台账信息：姓名、用户头像、身份证号码、出生年月、性别、登录账号、登录密码、手机号码、电子邮箱、用户角色、上岗证、执业资格证。

添加用户 企业管理 企业用户管理 添加用户

添加用户

姓名

用户头像

身份证号码

出生年月

性别

男 女

登录账号

001-

登录密码

手机号码

电子邮箱

用户角色

请指定用户角色

上岗证

添加上岗证

执业资格证

添加执业资格证

图6-94 用户添加页面

6. 用户注册申请

用户注册申请模块实现对用户注册申请的处理。用户注册申请页面包含以下台账信息：姓名、性别、年龄、联系方式、籍贯、民族、注册时间、操作。

图6-95 用户注册申请页面

7. 日志管理

日志管理模块包含用户操作日志、用户登录日志两个子模块。

（1）用户操作日志：用户登录日志模块可实现参建单位在各自权限范围内对用户操作进行监督、查看。用户登录日志页面包含以下台账信息：用户名、行为、IP地址、时间。且可通过用户名、用户行为进行检索查询。

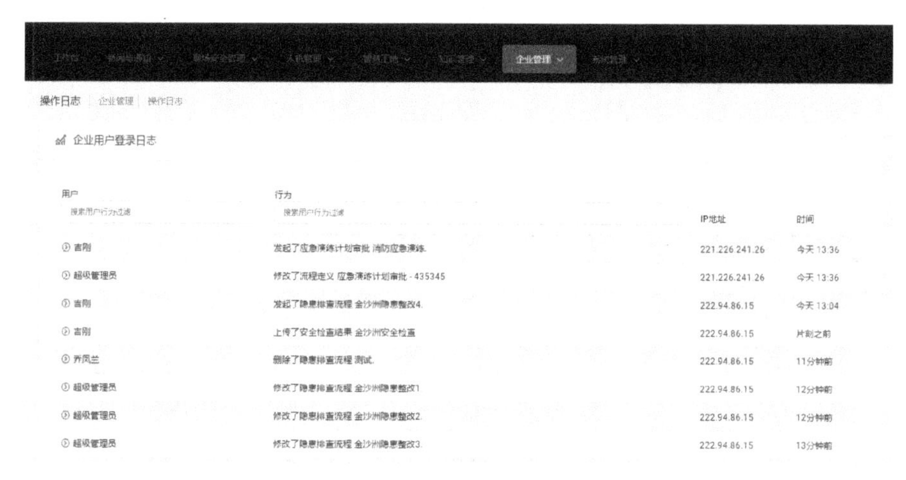

图4-96 用户登录日志页面

（2）用户登录日志：用户登录日志模块可实现参建单位在各自权限范围内对用户登录进行监督、查看。用户登录日志页面包含以下台账信息：用户名、事件、IP地址、时间。

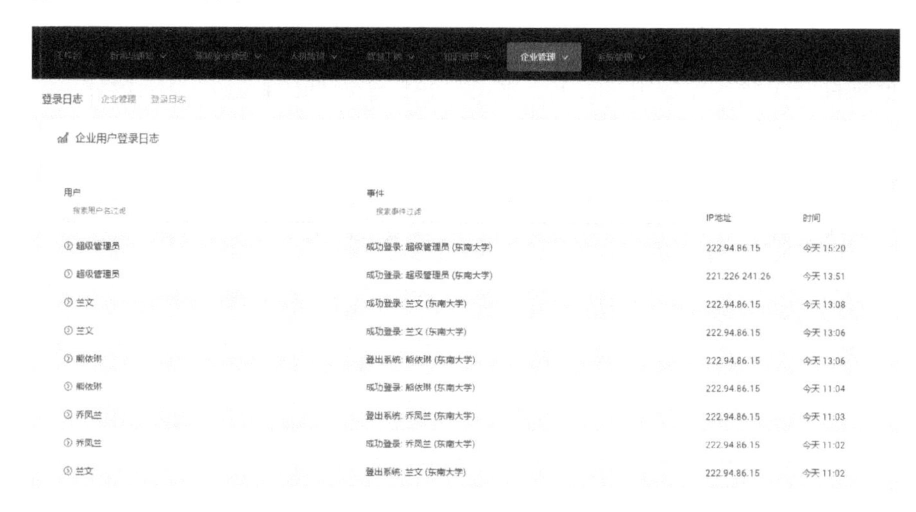

图6-97 用户登录日志页面

6.5.10 系统管理

系统管理主要包含：系统设置、信息分类管理、角色模板管理、平台项目管理、企业管理、用户管理、BIM参数管理、构件分类管理、应急物资类别管理、考试管理、日志管理十一个模块。

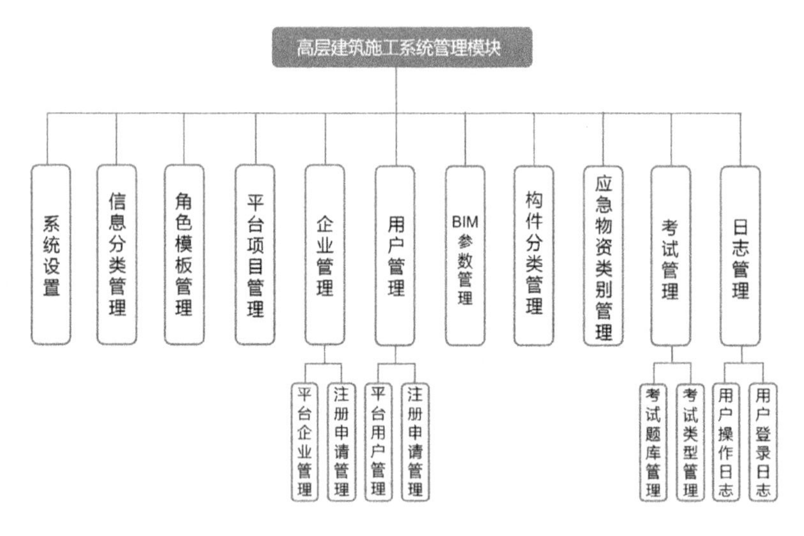

图6-98 企业管理模块功能构架图

1. 系统设置

系统设置是实现对各参建单位企业自助注册、事件签到时间限制等内容权限设置。系统设置页面包含以下台账信息：建设单位类型、地图API设置、开启企业自助注册、开启用户自助注册、事件签到时间限制、用户登录日志保存时间、用户操作日志保存时间、允许上传的文件类型、企业用户允许修改的权限组、短信与推送设置（短信通知、推送通知、邮件通知）、流程相关设置（重复用户跳过方式、跳过步骤处理方式、流程反馈意见可填写时机、流程反馈部门/用户提醒时限、流程反馈限制、允许转发流程反馈、流程审批意见修改时限、流程反馈意见修改时限）。

系统设置
系统全局设置
建设单位类型
建设单位
地图API设置
百度地图
开启企业自助注册
开启
关闭
开启用户自助注册
开启
关闭
事件签到时间限制
之前
之后
分钟
用户登录日志保存时间
180
天
用户操作日志保存时间
180
天
事件签到时间限制
之前
之后
分钟
用户登录日志保存时间
180
天
用户操作日志保存时间
180
天
允许上传的文件类型
文件类型
zip rar
文件类型
jpg jpeg png
文件类型
ppt pptx doc docx xls xls
文件类型
ifc ifczip rfa
文件类型
pdf mp4
最大尺寸
0
添加文件类型
企业用户允许修改的权限组
企业管理权限
项目管理权限
短信与推送设置
通知方式设置
短信通知
推送通知
流程相关设置
允许
禁止
提交
取消

图6-99　系统设置页面

2. 信息分类管理

信息分类管理实现对不同信息检索与统计，检索关键词主要包含企业类型、项目类型、项目分类、题库分类、安全生产投入、专家类型、教材案例。用户可根据项目需要自行添加分类。

信息分类管理页面包含以下台账信息：名称、类别、时间、说明、操作。

图6-100　信息分类管理页面

图6-101　分类添加页面

点击添加分类按钮，页面跳转至添加分类页面。该页面主要包含以下台账信息：名称、类别（企业类型、项目类型、题库分类、安全生产投入、专家类型、

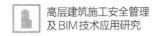

教材案例)、说明。

3. 角色模板管理

角色模板管理主要实现对本管理平台参建单位组织架构和人员模板设置。角色模板管理页面包含以下台账信息：名称、类型、时间、操作。

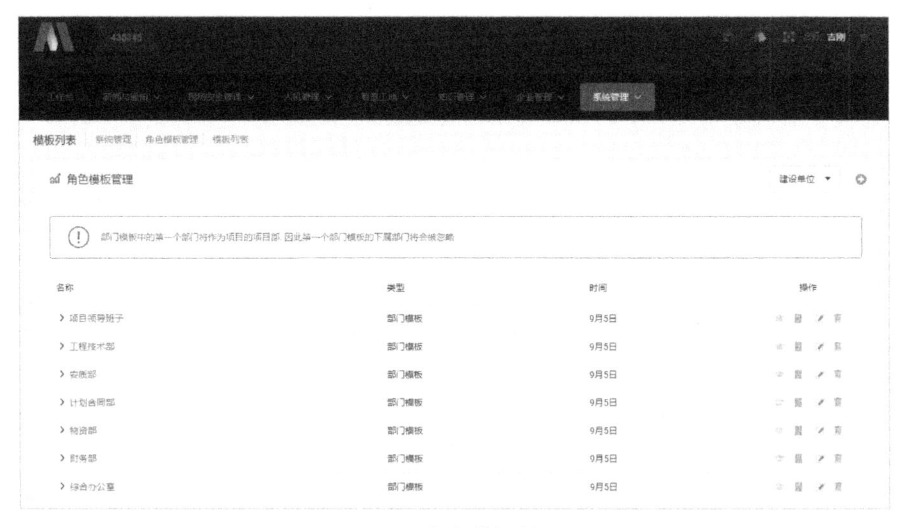

图6-102　角色模板管理页面

4. 平台项目管理

平台项目管理主要实现对项目信息管理。平台项目管理页面主要包含以下台账信息：名称、项目类型、项目地址、建设周期、时间、操作。

图6-103　平台项目管理页面

点击添加项目按钮，显示添加项目页面，该页面主要包含如下台账信息：

项目名称、项目类型、项目建设单位、项目地址、开工日期、竣工日期。

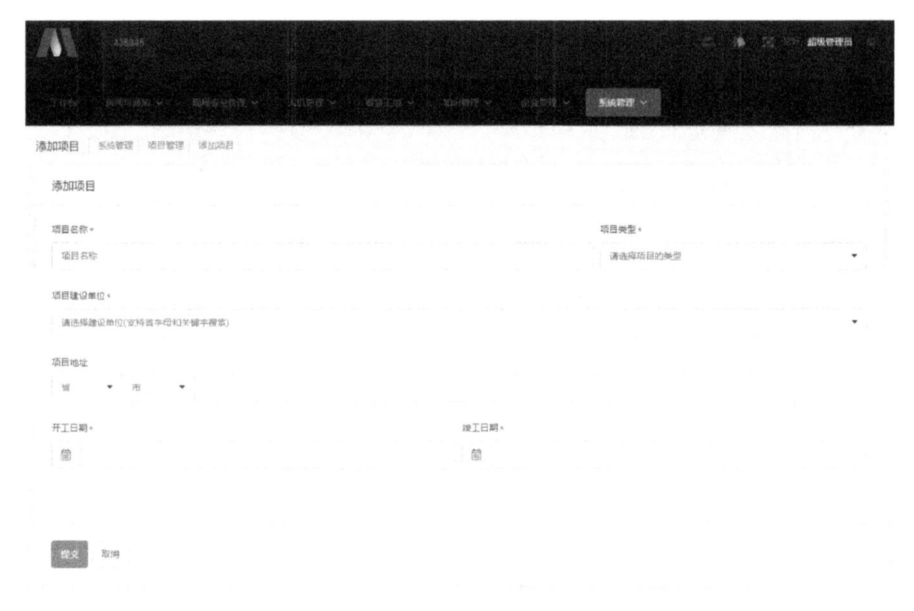

图6-104　添加项目页面

5. 企业管理

企业管理模块主要包括两个子模块：平台企业管理、注册申请管理。企业管理页面包含以下台账信息：企业名称、类别、时间、操作。

（1）平台企业管理：点击企业注册，显示添加企业页面，该页面包含如下台账信息：企业名称、统一社会信用代码、企业类型、用户名前缀、企业地址。

图6-105　企业管理页面

图6-106　添加企业页面

（2）注册申请管理：注册申请管理页面包含以下台账信息：企业名称、类别、法人姓名、注册资本、联系人、注册时间、操作。

图6-107　注册申请管理页面

6. 用户管理

用户管理包括两个页面：平台用户管理、注册申请管理。

（1）平台用户管理：平台用户管理实现对参建单位企业信息管理。平台用户管理页面包含如下台账信息：用户姓名、邮箱、手机号、企业、角色、注册时间、操作。

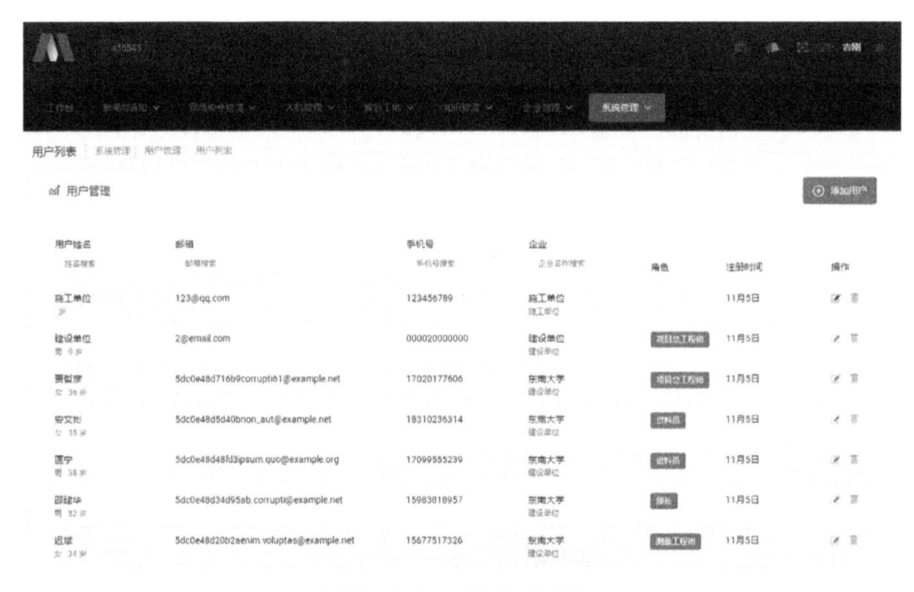

图 6-108　平台用户管理

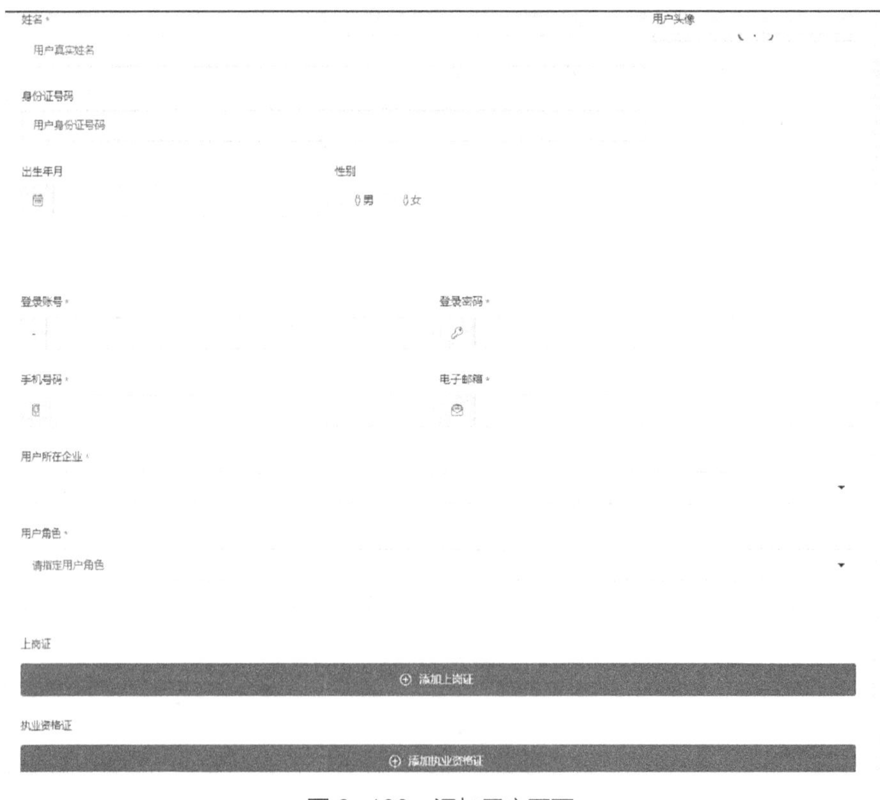

图 6-109　添加用户页面

点击添加用户按钮，即可进行新用户信息填写，填写内容包含以下台账信息：姓名、用户头像、身份证号码、出生年月、性别、登录账号、登录密码、手机号码、电子邮箱、用户所在企业、用户角色、上岗证、执业资格证。

（2）注册申请管理：注册申请管理台账信息包含：姓名、注册企业、性别、年龄、联系方式、籍贯、民族、注册时间、操作。

图6-110　注册申请管理页面

7. BIM参数管理

BIM参数管理实现对系统中BIM模型参数管理。BIM参数管理台账信息包含：参数名、数据类型、参数类型、可见、可修改、操作。

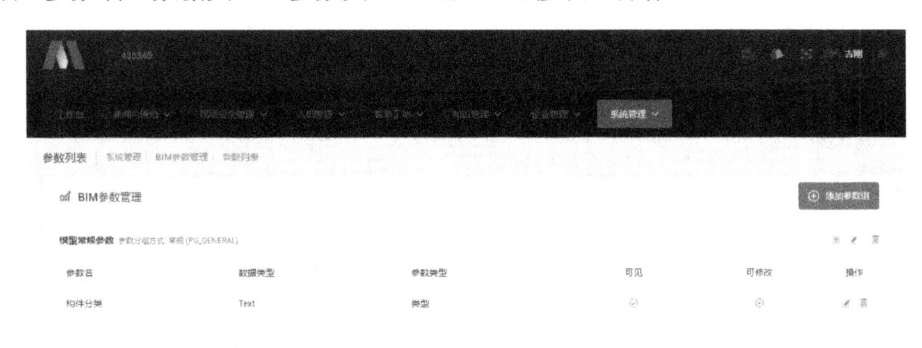

图6-111　BIM参数管理页面

点击右上角添加参数组按钮，出现添加参数组页面，该页面主要包含以下台账信息：参数组名称、参数组分组方式、项目参数应用分类、参数组说明。

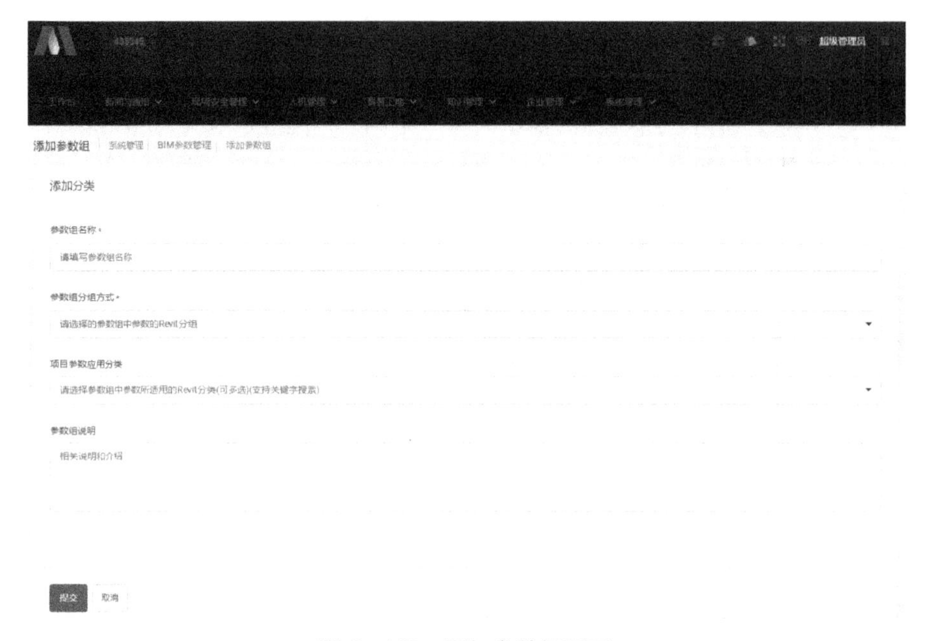

图 6-112　添加参数组页面

8. 构件分类管理

构件分类管理实现对某一构件（如特种设备、证件类型等），各参建单位可根据项目实际添加、设置构建分类。构件分类管理页面包含如下台账信息：分类名称、编号、操作。

图 6-113　构件分类管理页面

点击添加分类按钮，添加相应分类信息：分类名称、分类编码、项目参数应用分类、分类参数、分类说明。

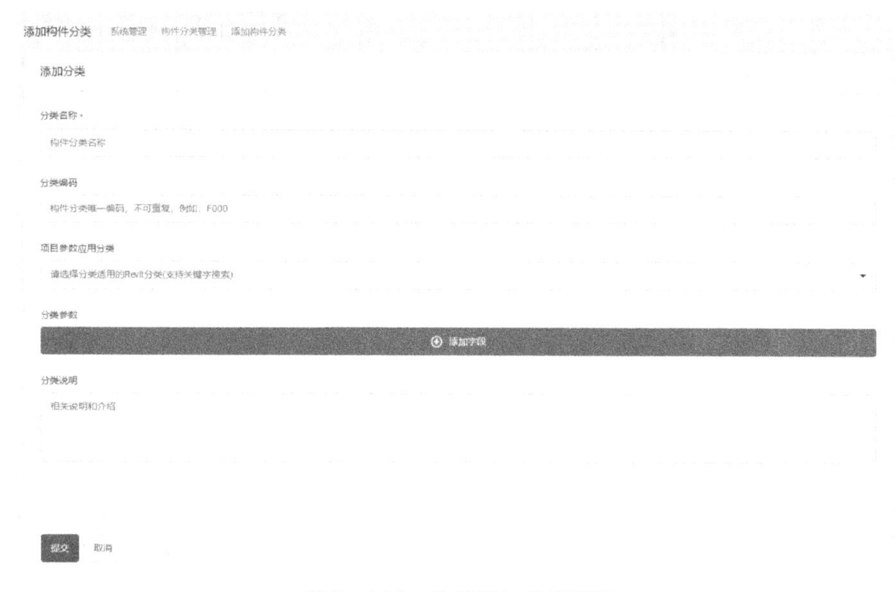

图6-114　构件添加分类页面

9. 应急物资类别管理

应急物资类别管理实现对应急物资的分类设置，各参建单位可根据项目实际添加实际用到的应急物资。应急物资类别管理页面应包含如下台账信息：分类名称、编号、操作。

图6-115　应急物资类别管理页面

点击添加分类按钮，添加相应分类信息：分类名称、分类编码、项目参数应用分类、分类参数、分类说明。

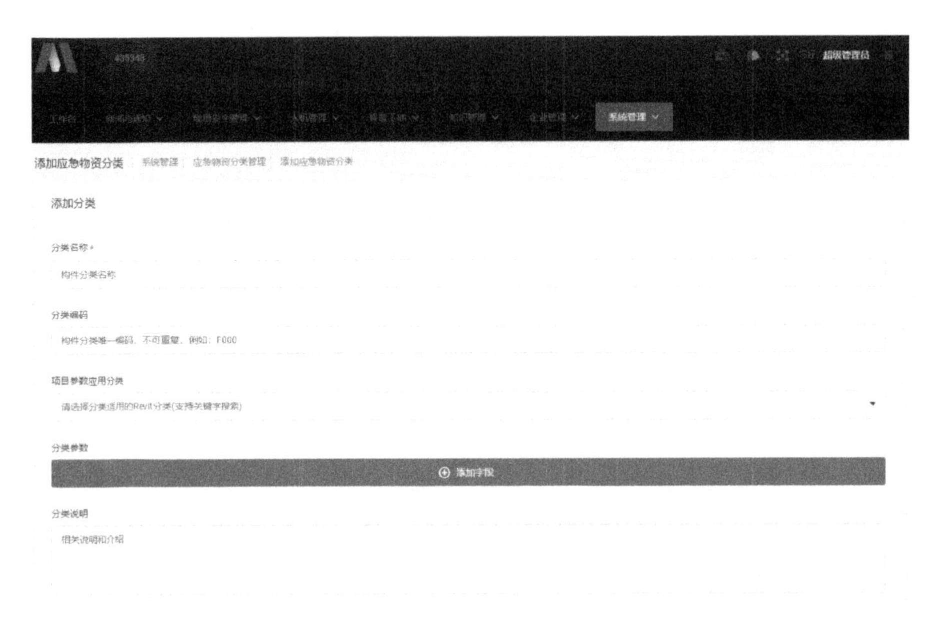

图6-116　应急物资添加分类页面

10．考试管理

考试管理模块主要包含考试题库管理、考试类型管理两个子模块。

（1）考试题库管理：施工单位安全管理人员可以在考试题库管理模块对题目分类、题目类型等进行定义。考试题库管理页面包含以下台账信息：题目、题目分类、类型、正确选项、操作。

图6-117　考试题库管理页面

点击添加题目按钮，填写相应字段信息：题目内容、题目分类、题目类型（判断题、单选题、多选题）、操作选项。

图6-118　添加题目页面

（2）考试类型管理：考试类型管理实现对考试时长、题目数量、及格分数等内容进行定义。考试类型管理页面包含以下的台账信息：名称、时长、题目数量、总分、及格分数、时间、操作。

图6-119　考试类型管理页面

点击添加考试类型按钮，填写相应字段信息：考试类型名称、禁用此考试类型、考试时长、及格分数、考试题型分数（单项选择、多项选择、判断题、总分）、考试分类数量分布、考试类型说明。

图6-120　添加考试类型页面

11. 日志管理

系统管理模块中日志管理与企业管理模块中日志管理功能一致，只是权限范围不同，在此不再赘述。

附表一　风险辨识清单（作业活动）

序号	分部工程	子分部工程	分项工程	施工工序	致险因素			
					人	物	环	管
1	地基与基础	基础	长螺旋压灌桩施工	埋设护筒	施工人员未按照规定穿戴好劳动防护用品。 操作人员酒后作业。	装卸过程，导管坠落。 护筒支承牛腿焊接不符合要求。 对接护筒时支承牛腿千斤顶未牢固放置。	六级及以上大风、雷雨、大雾、大雪等恶劣气候。 夜间作业，作业面照明不足。 高（低）温环境作业。	施工用电不规范。 未进行书面安全技术交底。 作业区无明显警示标志。
2				钻孔	员工不按规定佩戴安全帽等防护用品。 钻机操作人员操作失误。 操作人员酒后作业。 罐车司机未仔细巡视路径。	孔径误差较大。 钻孔塌孔与缩径。 未使用防水电源线或电源线破损。 钻机设备故障。 地下电缆、燃气等管线破坏。 桩机电气设备无接地（或接零）保护，电源电缆随地拖放。	高（低）温环境作业。 打桩作业区内有高压线路。 膨润土加料粉尘污染。 夜间作业，作业面照明不足。	施工用电不规范。 桩机无出厂合格证、未定期检查。 有虚孔的桩孔口未设置盖板。 钻孔垂直度不符合规范要求，未查明原因、采取相应措施。

续表

序号	分部工程	子分部工程	分项工程	施工工序	致险因素			
					人	物	环	管
3	地基与基础	基础	长螺旋压灌桩施工	清孔	员工不按规定使用安全帽等防护用品。 操作人员酒后作业。 操作人员违反操作规程进行作业。	孔底沉渣过厚或混凝土开灌前孔内泥浆含砂量过大。 孔口操作平台不牢固。	六级及以上大风、雷雨、大雾、大雪等恶劣气候。 夜间作业，作业面照明不足。 高（低）温环境作业。	未进行书面安全技术交底。 项目部未制定相应的应急救援预案、缺乏相应应急救援措施。
4				钢筋笼制作与吊装	钢筋加工作业完成后，工人未及时关闭电源。 切断机开机前，操作工未检查刀具状况和紧固状况。 焊接作业，操作人员未配戴防护面罩等安全防护用品。 弯曲机、切断机操作不当。 钢筋在吊运中未降到离地面1米就靠近。 起吊钢筋下方站人。 钢筋笼吊装时，吊车司机和指挥人员配合失误。	钢丝绳与索具磨耗严重。 钢筋骨架发生变形。 钢筋机械无保护接零。 钢筋机械无漏电保护器。 切割机无火星挡板。 吊绳出现严重断丝、断股、打结。	切割机附近堆放易燃物品。 焊接时产生弧光和烟尘污染。 钢筋搬运场所附近有架空线路或临时用电设备。 六级及以上大风、雷雨、大雾、大雪等恶劣气候。	作业区无明显标志或有非工作人员进入。 吊运钢筋规格长短不一。 钢筋机械无验收合格手续。 钢筋堆料过高。 氧气瓶、乙炔瓶存储、使用、运输不当。 起重作业现场警戒管理不到位。 项目部未制定相应的应急救援预案、缺乏相应应急救援措施。

续表

序号	分部工程	子分部工程	分项工程	施工工序	致险因素			
					人	物	环	管
5	地基与基础	基础	长螺旋压灌桩施工	灌注混凝土	作业人员无证上岗。 操作工未按照规定穿戴好劳动防护用品。 作业人员未根据操作规程进行施工作业。	电缆破损漏电。 初灌时埋管深度未达到规范值。 泵管卡扣缺陷。 泵管管壁厚度不足。 临边洞口防护不到位。 桩顶混凝土不密实或强度未达到设计要求。 灌注混凝土过程中钢筋笼上浮。	六级及以上大风、雷雨、大雾、大雪等恶劣气候。 夜间施工照明不足。	作业前未对施工作业人员进行相应的安全教育、技术交底。 灌孔砼罐车浇灌时轮胎下未垫枕木。 灌注混凝土时堵管。 混凝土灌注过程因故中断未采取措施。
6			承台	凿除桩头	作业人员未佩戴防护眼镜等劳动防护用品。 人员站在桩顶作业。 操作人员酒后作业。	空压机出气管缠绕打结。 空压机储气罐压力表安全阀不合格。	六级及以上大风、雷雨、大雾、大雪等恶劣气候。 夜间施工照明不足。 高（低）温环境作业。	桩头露出超过2米还未进行凿除。 凿桩头未采取措施砼渣飞溅。 空压机安装不符合临时用电规范要求。 凿下的碎块放置在基坑边。
7				绑扎钢筋	抬运钢筋人员无协调配合。 操作工未按照规定穿戴好劳动防护用品。 作业人员未根据操作规程进行施工作业。	电焊机周围堆放易燃易爆品和其他杂物。 电焊机未单独设置开关和漏电保护器，外壳未作接零保护。 钢筋质量不符合设计要求。	六级及以上大风、雷雨、大雾、大雪等恶劣气候。 夜间施工照明不足。 焊接时产生弧光和烟尘。 高（低）温环境作业。	钢筋绑扎前，未检查钢筋有无锈蚀。 焊接时无监护人员。 动火作业未按规定落实动火审批制度。

续表

序号	分部工程	子分部工程	分项工程		施工工序	致险因素			
						人	物	环	管
8	地基与基础	基础	承台		立模板	吊装过程中，吊车司机未遵守起重规程。 施工作业人员利用拉杆支撑攀登上下。 施工作业人员在未固定的梁底模上行走。	吊物绑扎不牢固。 吊绳出现严重断丝、断股、打结。	六级及以上大风、雷雨、大雾、大雪等恶劣气候。 夜间施工照明不足。 高（低）温环境作业。	支拆模板区域无警戒、未设置明显的警示标志。 支拆模板未进行书面安全技术交底。 模板物料集中超载堆放。
9	地基与基础	基础	承台		灌注混凝土	作业人员未佩戴防护眼镜等劳动防护用品。 作业人员未根据操作规程进行施工作业。 作业人员酒后作业。	拌和设备、输送泵等机械故障。 泵管的密闭性差。 混凝土泵堵管。 插入式振动器无漏电保护器或软管出现断裂。	六级及以上大风、雷雨、大雾、大雪等恶劣气候。 夜间施工照明不足。 高（低）温环境作业。	未对施工人员进行针对性技术交底。 未对插入式振动器操作人员进行培训、考核。 插入式振动器使用前未经检查。
10	地基与基础	基坑支护	钻孔桩支护段	钻孔灌注围护桩施工	平整场地	挖土机、推土机司机等无证上岗。 铲斗从汽车驾驶室上过。 作业人员未穿戴好防护措施。	电动工具不合格。 机械设备外露转动（运动）部位未安装防护装置或防护装置损坏。	夜间作业，作业面照明不足。 高（低）温环境作业。 六级及以上大风、雷雨、大雾、大雪等恶劣气候。	未进行书面安全技术交底。 作业区未设置明显的警示标志。 场内装卸设备、材料、土方和倒车时未设专人负责指挥。 机械设备维修与保养频次不足。

续表

序号	分部工程	子分部工程	分项工程		施工工序	致险因素			
						人	物	环	管
11	地基与基础	基坑支护	钻孔桩支护段	钻孔灌注围护桩施工	钢筋骨架制作	钢筋加工作业完成后，工人未及时关闭电源。 切断机开机前，操作工未检查刀具状况和紧固状况。 焊接作业未配戴防护面罩。 弯曲机、切断机操作不当。	钢筋机械无保护接零。 钢筋机械无漏电保护器。 切割机无火星挡板。 吊绳出现严重断丝、断股、打结。	钢筋搬运场所附近有障碍。 切割机附近堆放易燃物品。 焊接时产生弧光和烟尘。 夜间作业，作业面照明不足。	作业区无明显标志或有非工作人员进入。 吊运钢筋规格长短不一。 钢筋机械无验收合格手续。 钢筋堆料过高。 氧气瓶、乙炔瓶存储、使用、运输不当。
12					泥浆池开挖与防护	人员和机械之间安全距离不足。 操作人员酒后作业。 作业人员年纪过大（大于60岁）。	泥浆池四周防护栏杆材料不合格。 防护栏杆未设置密目防护网或防护网缺失。	夜间作业，作业面照明不足。 高（低）温环境作业。 六级及以上大风、雷雨、大雾、大雪等恶劣气候。	作业区无明显标志或有非工作人员进入。 泥浆池四周未设置明显的安全警示标识。
13					护筒制作及埋设	操作工未按照规定穿戴好劳动防护用品。 操作人员酒后作业。	装卸过程，导管坠落。 护筒支承牛腿焊接不符合要求。 对接护筒时支承牛腿千斤顶未牢固放置。	六级及以上大风、雷雨、大雾、大雪等恶劣气候。 夜间作业，作业面照明不足。 高（低）温环境作业。	施工用电不规范。 未进行书面安全技术交底。 作业区未设置明显的警示标志。

续表

序号	分部工程	子分部工程	分项工程		施工工序	致险因素			
						人	物	环	管
	地基与基础	基坑支护	钻孔桩支护段	钻孔灌注围护桩施工	灌注桩成孔	员工不按规定佩戴安全帽等防护用品。 操作人员酒后作业。 灌孔前罐车司机未仔细巡视路径。	孔径误差较大。 钻孔塌孔与缩径。 未使用防水电源线或电源线破损。 冲孔钻机设备故障。 冲孔钻机起吊钢丝绳断。 地下电缆、燃气等管线破坏。 桩机电气设备无接地（或接零）保护，电源电缆随地拖放。	高（低）温环境作业。 打桩作业区内有高压线路。 膨润土加料粉尘污染。 夜间作业，作业面照明不足。 高（低）温环境作业。	施工用电不规范。 桩机无出厂合格证、未定期检查。 浇灌完有虚孔的桩孔口未设置盖板。 钻孔垂直度不符合规范要求，未查明原因、采取相应措施。
14					清孔	员工不按规定使用安全帽等防护用品。 操作人员酒后作业。	孔底沉渣过厚或混凝土开灌前孔内泥浆含砂量过大。 孔口操作平台不牢固。	六级及以上大风、雷雨、大雾、大雪等恶劣气候。 夜间作业，作业面照明不足。 高（低）温环境作业。	未进行书面安全技术交底。 未制定相应的事故应急救援预案。
15					钢筋骨架安装	钢筋在吊运中未降到离地面1米就靠近。 起吊钢筋下方站人。 钢筋笼吊装时，吊车司机和指挥人员配合失误。	钢丝绳与索具磨耗严重。 钢筋骨架发生变形。	钢筋搬运场所附近有架空线路或临时用电设备。 六级及以上大风、雷雨、大雾、大雪等恶劣气候。	起重作业现场警戒管理不到位。 项目部未制定相应的应急救援预案、缺乏相应应急救援措施。

续表

序号	分部工程	子分部工程	分项工程		施工工序	致险因素			
						人	物	环	管
16	地基与基础	基坑支护	钻孔桩支护段	钻孔灌注围护桩施工	导管安拆	操作工未按照规定穿戴好劳动防护用品。 氧割作业人员无证操作。 吊车司机操作失误。 吊车司机和指挥人员配合失误；	导管连接处密封不好，垫圈放置不平正。 电缆破损漏电。 乙炔瓶未安装回火装置。 气瓶残旧不符合安全要求。 使用钢丝绳不符合安全规定；	六级及以上大风、雷雨、大雾、大雪等恶劣气候。 焊接时产生弧光和烟尘。 夜间作业面照明不足；	未按施工方案进行导管的安拆。 吊装导管时，斜拉斜吊；
17					水下砼灌注施工	作业人员无证上岗。 操作工未按照规定穿戴好劳动防护用品。 作业人员未根据操作规程进行施工作业。	电缆破损漏电。 初灌时埋管深度未达到规范值。 泵管卡扣缺陷。 泵管管壁厚度不足。 临边洞口防护不到位。 桩顶混凝土不密实或强度未达到设计要求。	六级及以上大风、雷雨、大雾、大雪等恶劣气候。 夜间施工照明不足；	作业前未对施工作业人员进行相应的安全教育、技术交底。 灌孔砼罐车浇灌时轮胎下未垫枕木。 灌注混凝土时堵管。 灌注混凝土过程中钢筋笼上浮。 混凝土灌注过程因故中断未采取措施。

续表

序号	分部工程	子分部工程	分项工程		施工工序	致险因素			
						人	物	环	管
18	地基与基础	基坑支护	钻孔桩支护段	搅拌桩止水帷幕施工	障碍物清理	操作工未按照规定穿戴好劳动防护用品。作业人员无证上岗。操作人员酒后作业。	电缆线老化破损漏电。机械设备外露转动（运动）部位未安装防护装置或防护装置损坏。	夜间施工照明不足。高（低）温环境作业。六级及以上大风、雷雨、大雾、大雪等恶劣气候。	作业前未进行安全技术交底。施工区域未设置警示牌和防护设施。机械设备维修与保养频次不足。
19					开沟槽	操作工未按照规定穿戴好劳动防护用品。操作人员酒后作业。作业人员违反操作规程进行施工作业。	电缆线老化破损漏电。机械设备外露转动（运动）部位未安装防护装置或防护装置损坏。	沟槽土质、地下水位与地质水文资料不一致。夜间施工照明不足。高（低）温环境作业。六级及以上大风、雷雨、大雾、大雪等恶劣气候。	不稳定土层采用模板支撑，开挖深度超过1米。槽边违章堆放材料、机械。机械设备维修与保养频次不足。

续表

序号	分部工程	子分部工程	分项工程		施工工序	致险因素			
						人	物	环	管
20	地基与基础	基坑支护	钻孔桩支护段	搅拌桩止水帷幕施工	喷浆、搅拌成桩	操作工未按照规定穿戴好劳动防护用品。 操作人员酒后作业。 作业人员违反操作规程进行施工作业。	电缆线老化破损漏电。 桩混凝土强度小于C20，桩身承载力不够。 搅拌机的入土切削和提升搅拌时负荷太大，电流超过预定值。 外露传动装置无防护网罩。	夜间施工照明不足。 高（低）温环境作业。 六级及以上大风、雷雨、大雾、大雪等恶劣气候。	未严格执行施工中检验复核制度。 施工现场未悬挂显目的安全标志。 未定期检查各种传动、升降、电器、机械系统及吊臂、吊绳、吊钩等关键部位的安全性、牢固性。 电焊工、电工、吊车工、汽吊指挥工等特殊工种未持证上岗。
21				预应力锚索支护	锚孔钻造	作业时，操作人员未按要求佩戴个人防尘、防护用具等。 操作人员酒后作业。 作业人员违反操作规程进行施工作业。	钻机平台不稳固牢靠。 平台外边设防护栏杆及防护网。	钻孔作业区的粉尘浓度大于10毫克/立方米； 夜间施工照明不足。 高（低）温环境作业。 六级及以上大风、雷雨、大雾、大雪等恶劣气候。	作业前未对施工作业人员进行相应的安全教育、技术交底。 施工区域未设置警示牌和防护设施。

续表

序号	分部工程	子分部工程	分项工程		施工工序	致险因素			
						人	物	环	管
22	地基与基础	基坑支护	钻孔桩支护段	预应力锚索支护	锚索制作与安放	操作者未正确佩戴安全防护用品。 操作人员违规操作。	施工平台及通道的搭建不符合要求。 机械设备故障。	夜间施工照明不足。 高（低）温环境作业。 六级及以上大风、雷雨、大雾、大雪等恶劣气候。	钢绞线、内外锚头部件等关键材料未进行质量抽检。 预应力钢绞线露天堆放且未采取防潮防腐措施。
23					锚孔注浆与浇筑砼垫墩	注浆作业人员未配戴防护眼镜、口罩和防护手套等防护用具。 操作人员酒后作业。 施工人员违规操作。	未使用防水电源线或电源线破损。 无运送混凝土通道板。 泵送混凝土架子不牢靠。 混凝土泵等机械设备故障。 机械设备外露转动（运动）部位未安装防护装置或防护装置损坏。	六级及以上大风、雷雨、大雾、大雪等恶劣气候。 夜间作业，作业面照明不足。 高（低）温环境作业。	施工区域未设置警示牌和防护设施。 作业前未对施工作业人员进行相应的安全教育、技术交底。

续表

序号	分部工程	子分部工程	分项工程		施工工序	致险因素			
						人	物	环	管
24	地基与基础	基坑支护	钻孔桩支护段	预应力锚索支护	锚索张拉与锁定	张拉时，施工人员站在千斤顶后方区域内。 操作者未正确佩戴安全防护用品。	锚固体系变形巨大。 选用的张拉机具应与锚具的类型、锚索的设计张力不匹配。	六级及以上大风、雷雨、大雾、大雪等恶劣气候。 夜间作业，作业面照明不足。 高（低）温环境作业。	施工区域未设置警示牌和防护设施。 未按施工方案施工。 张拉机具、仪器仪表，未经过检查、标定或在监理批准使用前已提前施工。
25				冠梁施工	开挖沟槽及凿除桩头	操作人员未穿戴好防护眼镜、口罩、防护手套、安全帽等防护用品。 作业人员站在桩顶进行桩头凿除作业。 作业人员未将凿除的碎石块及时清理。 操作人员面对面进行凿除施工或配合不默契。	电缆线老化破损漏电。 机械设备外露转动（运动）部位未安装防护装置或防护装置损坏。 机械设备进行维修与保养频次不足。	六级及以上大风、雷雨、大雾、大雪等恶劣气候。 夜间作业，作业面照明不足。 高（低）温环境作业。 施工现场噪声、粉尘污染。	凿桩头未采取措施砼渣飞溅。 沟槽土质、地下水位与地质水文资料不一致，未采取有效措施。 未对施工操作人员进行针对性的技术、安全交底。 操作人员未持证上岗。

续表

序号	分部工程	子分部工程	分项工程		施工工序	致险因素			
						人	物	环	管
26	地基与基础	基坑支护	钻孔桩支护段	冠梁施工	绑扎钢筋及立模板	在钢筋骨架上行走。 抬运钢筋人员无协调配合。 操作工未按照规定穿戴好劳动防护用品。 作业人员未根据操作规程进行施工作业。	模板、支撑系统的材料不合格。 未拉盘钢筋的引头没有盘住。 木制模板板面强度不够。 吊装模板用的钢丝绳断股。 钢丝束存在断股、锈蚀、表面污染、弯折等质量缺陷。	六级及以上大风、雷雨、大雾、大雪等恶劣气候。 夜间作业，作业面照明不足。 高（低）温环境作业。 施工现场噪声、粉尘污染。	施工现场动火作业未严格执行动火审批制度。 氧气瓶、乙炔瓶（罐）工作间距不符合要求。 模板上施工荷载超过规定或堆料不均。 现浇砼模板的支撑系统无设计方案或支撑系统不符合设计要求。 未对工人进行针对性的技术、安全交底。 排架支撑不符合设计要求。
27					砼浇注	作业人员未按配比施工，少用水泥。 作业人员无证上岗。 注浆作业人员未配戴防护眼镜、口罩和防护手套等防护用具。 作业人员未根据操作规程进行施工作业。	无运送混凝土通道板。 泵送混凝土架子不牢靠。 机械设备外露转动（运动）部位未安装防护装置或防护装置损坏。 机械设备进行维修与保养频次不足。	六级及以上大风、雷雨、大雾、大雪等恶劣气候。 夜间作业，作业面照明不足。 高（低）温环境作业。 施工现场噪声、粉尘污染。	送泵使用前未按照要求进行检查。 未按施工方案进行混凝土浇筑，出现浇筑过快、集中浇筑。 施工区域未设置警示牌和防护设施。 混凝土泵等机械设备故障未检修。

续表

序号	分部工程	子分部工程	分项工程		施工工序	致险因素			
						人	物	环	管
28	地基与基础	基坑支护	钻孔桩支护段	冠梁施工	拆模与冠梁养护	操作工未按照规定穿戴好劳动防护用品。 操作人员在模板拆除时，未按正确的拆除顺序。 操作人员站在模板上作业。	模板立柱支撑未设牢固拉杆。 作业面洞口和临边防护不严或缺失。	六级及以上大风、雷雨、大雾、大雪等恶劣气候。 夜间作业，作业面照明不足。 高（低）温环境作业。 施工现场噪声、粉尘污染。	冠梁养护天数未达到设计要求。 模板堆垛过高。 拆除模板时未设置警戒线和无监护人看护。 模板拆除前无砼强度报告或强度未达到规定提前拆模。
29			钢筋土钉支护段	搅拌桩止水帷幕施工	障碍物清理	操作工未按照规定穿戴好劳动防护用品。 作业人员无证上岗。 操作人员酒后作业。	电缆线老化破损漏电。 机械设备外露转动（运动）部位未安装防护装置或防护装置损坏。 机械设备进行维修与保养频次不足。	夜间施工照明不足。 高（低）温环境作业。 六级及以上大风、雷雨、大雾、大雪等恶劣气候。	作业前未进行安全技术交底。 施工区域未设置警示牌和防护设施。

续表

序号	分部工程	子分部工程	分项工程		施工工序	致险因素			
						人	物	环	管
30	地基与基础	基坑支护	钢筋土钉支护段	搅拌桩止水帷幕施工	开沟槽	操作工未按照规定穿戴好劳动防护用品。 操作人员酒后作业。 作业人员违反操作规程进行施工作业。	未使用防水电源线或电缆线老化破损漏电。 机械设备外露转动（运动）部位未安装防护装置或防护装置损坏。 机械设备进行维修与保养频次不足。	沟槽土质、地下水位与地质水文资料不一致。 夜间施工照明不足。 高（低）温环境作业。 六级及以上大风、雷雨、大雾、大雪等恶劣气候。	不稳定土层采用模板支撑，开挖深度超过1米。 槽边违章堆放材料、机械。
31					喷浆、搅拌成桩	操作工未按照规定穿戴好劳动防护用品。 操作人员酒后作业。 作业人员违反操作规程进行施工作业。	电缆线老化破损漏电。 桩混凝土强度小于C20，桩身承载力不够。 搅拌机的入土切削和提升搅拌时负荷太大，电流超过预定值。 外露传动装置无防护网罩。	夜间施工照明不足。 高（低）温环境作业。 六级及以上大风、雷雨、大雾、大雪等恶劣气候。	未严格执行施工中检验复核制度。 施工现场未悬挂显目的安全标志。 未定期检查各种传动、升降、电器、机械系统及吊臂、吊绳、吊钩等关键部位的安全性、牢固性。 电焊工、电工、吊车工、汽吊指挥工等特殊工种未持证上岗。

续表

序号	分部工程	子分部工程	分项工程		施工工序	致险因素			
						人	物	环	管
32	地基与基础	基坑支护	钢筋土钉支护段	土钉墙施工	喷射第一层砼	施工人员启动时，未先送入压缩空气。 机械操作和喷射操作人员不能相互协调配合。 施工人员站立在喷嘴前方或5米范围内。 操作人员随意拖拉和折弯输料软管。	浆体强度不符合设计要求。 压浆和喷射管道连接处未紧固和密封。 输料软管发生堵塞。	六级及以上大风、雷雨、大雾、大雪等恶劣气候。 夜间作业，作业面照明不足。 高（低）温环境作业。 施工现场噪声、粉尘污染。	注浆量大于理论计算量，未查明原因。 施工前未按设计要求做土钉拉拔试验。 注浆机械操作工和浆液配制人员，未经安全技术培训。
33					钻孔安设土钉、注浆、安设连接件	打孔时，操作人员用手直接扶设备。	抢工更换的土钉长度偏差大于30毫米。 钻孔倾斜度偏差大于1度。	六级及以上大风、雷雨、大雾、大雪等恶劣气候。 夜间作业，作业面照明不足。 高（低）温环境作业。 施工现场噪声、粉尘污染。	土钉位置偏差大于100毫米未返工。 钻孔设备有故障未检修。 混凝土未达规定强度就开始安设土钉。

续表

序号	分部工程	子分部工程	分项工程		施工工序	致险因素			
						人	物	环	管
34	地基与基础	基坑支护	钢筋土钉支护段	土钉墙施工	绑扎钢筋网、喷射第二层砼	施工人员启动时，未先送人压缩空气。 机械操作和喷射操作人员不能相互协调配合。 施工人员战力在喷嘴前方或5米范围内。 操作人员随意拖拉和折弯输料软管。 在钢筋骨架上行走。 抬运钢筋人员无协调配合。	浆体强度不符合设计要求。 墙体强度不符合设计要求。 压浆和喷射管道连接处未紧固和密封。 输料软管发生堵塞。	六级及以上大风、雷雨、大雾、大雪等恶劣气候。 夜间作业，作业面照明不足。 高（低）温环境作业。 施工现场噪声、粉尘污染。	注浆量大于理论计算量，未查明原因。 墙体强度未达到设计要求就受力。 垂直作业无有隔离防护措施。 施工作业人员未经安全技术培训。
35				冠梁施工	开挖沟槽及凿除桩头	操作人员未穿戴好防护眼镜、口罩、防护手套、安全帽等防护用品。 作业人员站在桩顶进行桩头凿除作业。 作业人员未将凿除的碎石块及时清理。 操作人员面对面进行凿除施工或配合不默契。	电缆线老化破损漏电。 机械设备外露转动（运动）部位未安装防护装置或防护装置损坏。 机械设备进行维修与保养频次不足。	六级及以上大风、雷雨、大雾、大雪等恶劣气候。 夜间作业，作业面照明不足。 高（低）温环境作业。 施工现场噪声、粉尘污染。	凿桩头未采取措施，砼渣飞溅。 沟槽土质、地下水位与地质水文资料不一致，未采取有效措施。 未对施工操作人员进行针对性的技术、安全交底。 操作人员未持证上岗。

续表

序号	分部工程	子分部工程	分项工程		施工工序	致险因素			
						人	物	环	管
36	地基与基础	基坑支护	钢筋土钉支护段	冠梁施工	绑扎钢筋及立模板	在钢筋骨架上行走。 抬运钢筋人员无协调配合。 操作工未按照规定穿戴好劳动防护用品。 作业人员未根据操作规程进行施工作业。	模板、支撑系统的材料不合格。 未拉盘钢筋的引头没有盘住。 木制模板板面强度不够。 吊装模板用的钢丝绳断股。 钢丝束存在断股、锈蚀、表面污染、弯折等质量缺陷。	六级及以上大风、雷雨、大雾、大雪等恶劣气候。 夜间作业，作业面照明不足。 高（低）温环境作业。 施工现场噪声、粉尘污染。	施工现场动火作业未严格执行动火审批制度。 氧气瓶、乙炔瓶（罐）工作间距不符合要求。 模板上施工荷载超过规定或堆料不均。 现浇砼模板的支撑系统无设计方案或支撑系统不符合设计要求。 未对工人进行针对性的技术、安全交底。 排架支撑不符合设计要求。
37					砼浇注	作业人员未按配比施工，少用水泥。 作业人员无证上岗。 注浆作业人员未配戴防护眼镜、口罩和防护手套等防护用具。 作业人员未根据操作规程进行施工作业。	无运送混凝土通道板。 泵送混凝土架子不牢靠。 机械设备外露转动（运动）部位未安装防护装置或防护装置损坏。 机械设备进行维修与保养频次不足。	六级及以上大风、雷雨、大雾、大雪等恶劣气候。 夜间作业，作业面照明不足。 高（低）温环境作业。 施工现场噪声、粉尘污染。	送泵使用前未按照要求进行检查。 未按施工方案进行混凝土浇筑，出现浇筑过快、集中浇筑。 施工区域未设置警示牌和防护设施。 混凝土泵等机械设备故障未检修。

续表

序号	分部工程	子分部工程	分项工程		施工工序	致险因素			
						人	物	环	管
38	地基与基础	基坑支护	钢筋土钉支护段	冠梁施工	拆模与冠梁养护	操作工未按照规定穿戴好劳动防护用品。 操作人员在模板拆除时，未按正确的拆除顺序。 操作人员站在模板上作业。	模板立柱支撑未设牢固拉杆。 作业面洞口和临边防护不严或缺失。	六级及以上大风、雷雨、大雾、大雪等恶劣气候。 夜间作业，作业面照明不足。 高（低）温环境作业。 施工现场噪声、粉尘污染。	冠梁养护天数未达到设计要求。 模板堆垛过高。 拆除模板时未设置警戒线和无监护人看护。 模板拆除前无砼强度报告或强度未达到规定提前拆模。
39		基坑排水降水	基坑排水降水		基顶四周排水沟、集水井及泥浆池施工	操作工未按照规定穿戴好劳动防护用品。 操作人员酒后作业。	排水设备故障。 泥浆池四周防护栏杆材料不合格。 泥浆池防护栏杆未设置密目防护网或防护网缺失。	六级及以上大风、雷雨、大雾、大雪等恶劣气候。 夜间作业，作业面照明不足。 高（低）温环境作业。 施工现场噪声、粉尘污染。	基坑开挖前未对降水井点进行试抽。 集水井未按设计要求布置。 未制定降水应急预案。 排水沟设置不合理，排水不畅。 现场排水设备不足。 汛期无防洪措施。 电工未持证上岗。

续表

序号	分部工程	子分部工程	分项工程	施工工序	致险因素			
					人	物	环	管
40	地基与基础	边坡施工	边坡开挖		铲斗未离开工作面时，就做回转行走动作。 作业人员未正确佩戴安全帽、安全带等安全防护用品。 作业人员酒后作业。	水泵、照明、打夯机等用电设备（设施）或电缆线路未安装或安装不合格的漏电保护装置。 机械设备带病作业。	夜间作业，照明不足。 六级及以上大风、雷雨、大雾、大雪等恶劣气候。 高（低）温环境作业。 施工现场噪声、粉尘污染。	基坑周边物料堆垛不符合规定。 基坑边坡顶部超载。 边坡开挖面坡度和分层厚度不符合设计要求。 机械操作人员未进行技术交底。
41			钢筋网制作与挂网		作业人员未正确佩戴安全帽、安全带等安全防护用品。 作业人员酒后作业。	钢筋网制作所用材料不达标。 钢筋网搭接长度不满足设计要求。 气瓶的材质、结构和制造工艺不符合安全要求。 气瓶瓶阀无瓶帽保护。	夜间作业，照明不足。 六级及以上大风、雷雨、大雾、大雪等恶劣气候。 高（低）温环境作业。	搅拌机、喷射机、电焊机、钻机等操作人员未持证上岗。 未执行动火作业审批制度。
42			喷射混凝土护面		作业人员酒后作业。 注浆作业人员未配戴防护眼镜、口罩和防护手套等防护用具。 作业人员未根据操作规程进行施工作业。	泵送混凝土架子不牢靠。 机械设备外露转动（运动）部位未安装防护装置或防护装置损坏。 所用混凝土不符合设计要求。	夜间作业，照明不足。 六级及以上大风、雷雨、大雾、大雪等恶劣气候。 高（低）温环境作业。 施工现场噪声、粉尘污染。	机械设备进行维修与保养频次不足。 混合料未做配比实验，确定水灰比。 未按设计方案分段分片进行混凝土喷射作业。

续表

序号	分部工程	子分部工程	分项工程	施工工序	致险因素			
					人	物	环	管
43	地基与基础	土方施工	基坑开挖	分层分段开挖	上岗前未经安全教育培训、考核确认。 作业人员在各种操作平台上休息。 铲斗未离开工作面时，就做回转行走动作。 吊装作业半径内有作业人员作业、停留、经过。 作业人员存在高处抛物行为。	支撑传力盒中心与支撑轴线偏差过大。 水泵、照明、打夯机等用电设备（设施）或电缆线路未安装或安装不合格的漏电保护装置。 电缆线破皮。 无人员上下专用通道或梯道。 吊车吨位满足不了要求。 基坑周边、上下走道防护栏杆不符合要求。 钢支撑温度变化产生的围护结构附加变形过大。	夜间作业，照明不足。 六级及以上大风、雷雨、大雾、大雪等恶劣气候。 基坑周边建（构）筑不均匀沉降。	未按专项方案施工，开挖方法不正确。 机械操作人员未进行技术交底。 未对围护结构可能渗漏的部位作必要的技术处理。 未及时抽排明水。 未采取措施防止碰撞支护结构、工程桩或扰动基底原状土土层。 上下垂直交叉作业未采取防护措施。 挖土时发现未明管线未加处理。 支护结构未达到设计要求的强度提前开挖土方。 基坑土方开挖工程未编制专项方案或未进行专项方案的论证。 基坑内作业人员无安全立足点。 施工机械、物料与边坡的安全距离不足。 围岩出现变形、渗水、涌水、流砂现象未及时采取相应有效措施。 信号司索工、电工、焊工、挖土机、推土机司机等无证上岗。

续表

序号	分部工程	子分部工程	分项工程	施工工序	致险因素			
					人	物	环	管
44	地基与基础	土方施工	基坑开挖	大面积开挖	作业人员未按照规定穿戴好劳动防护用品。 挖土工人操作间距小于2.5米。 在支护和支撑上行走堆物。 铲斗未离开工作面时，就做回转行走动作。	基底垫层标高不符合要求。 土体不稳定。 挖掘机作业时未保持水平位置。 垂直作业必须有隔离防护措施。	在挖最后30厘米土时遇雨水天气。 夜间作业，照明不足。 六级及以上大风、雷雨、大雾、大雪等恶劣气候。 基坑周边建（构）筑不均匀沉降。 基坑内作业人员无安全立足点。	基底排水盲沟和素混凝土垫层施工时间过长。 未按设计要求分层开挖或超挖。 挖土机间距小于10米。 采取措施防止碰撞支护结构、工程桩或扰动基底原状土土层。 挖掘机作业时距工作面距离小于规定要求。
45			土方运输与堆放		材料运输车、运土车场内车辆行驶速度过快。 驾驶员违章驾驶。	车辆机械故障。	道路夜间照明不良。 现场道路布置不合理。 场内道路损坏。	场内装卸设备、材料、土方和倒车时未设专人负责指挥。
46			土方回填		挖土机、推土机司机等无证上岗。 驾驶员违章驾驶。	机械设备外露转动（运动）部位未安装防护装置或防护装置损坏。 未对机械设备进行维修与保养。	运土道路的坡度、转弯半径不符合有关安全规定。	场内装卸设备、材料、土方和倒车时未设专人负责指挥。 非电工安装、拆除电气设备。

续表

序号	分部工程	子分部工程	分项工程	施工工序	致险因素			
					人	物	环	管
47	地基与基础	地下防水	地下室底板和侧壁防水	高分子自粘胶膜防水卷材施工	作业人员、监护人员未正确佩戴劳保防护用品。 施工人员在施工现场吸烟。 施工人员违规作业。	防水卷材存放地点消防器材配置不达标。 高处作业平台安全防护缺失。	施工现场通风不良。 六级及以上大风、雷雨、大雾、大雪等恶劣气候。	材料进场后，未对卷材进行抽样复检。 未对操作人员进行针对性安全教育、技术交底。
48			顶板防水	自粘胶膜防水卷材和耐根穿刺高密度聚乙烯土工膜施工	作业人员、监护人员未正确佩戴劳保防护用品。 施工人员在施工现场吸烟。 施工人员违规作业。	防水卷材存放地点消防器材配置不达标。 高处作业平台安全防护缺失。 热焊机缆线破皮。	施工现场通风不良。 六级及以上大风、雷雨、大雾、大雪等恶劣气候。	热焊机等电气设备维修保养频次不足。 未对操作人员进行针对性安全教育、技术交底。
49			施工缝、变形缝	遇水膨胀止水条施工	作业人员、监护人员未正确佩戴劳保防护用品。 施工人员在施工现场吸烟。 施工人员违规作业。	遇水膨胀止水条存放点周边消防器材配置不达标。	施工现场通风不良。 六级及以上大风、雷雨、大雾、大雪等恶劣气候。	材料进场后，未对卷材进行抽样复检。 未对操作人员进行针对性安全教育、技术交底。
50			底板后浇带	遇水膨胀止水条和外贴式止水带	作业人员、监护人员未正确佩戴劳保防护用品。 施工人员在施工现场吸烟。 施工人员违规作业。	遇水膨胀止水条存放点周边消防器材配置不达标。 磨毛机外露转动（运动）部位未安装防护装置或防护装置损坏。	施工现场通风不良。 六级及以上大风、雷雨、大雾、大雪等恶劣气候。	材料进场后，未对卷材进行抽样复检。 未对操作人员进行针对性安全教育、技术交底。

续表

序号	分部工程	子分部工程	分项工程	施工工序	致险因素			
					人	物	环	管
51	主体结构	地下防水	顶板后浇带	丁基钢板止水带和外贴式止水带	作业人员、监护人员未正确佩戴劳保防护用品。 施工人员在施工现场吸烟。 施工人员违规作业。	遇水膨胀止水条存放点周边消防器材配置不达标。 磨毛机外露转动（运动）部位未安装防护装置或防护装置损坏。	施工现场通风不良。 六级及以上大风、雷雨、大雾、大雪等恶劣气候。	材料进场后，未对卷材进行抽样复检。 未对操作人员进行针对性安全教育、技术交底。
52		混凝土结构	模板工程	模板存放与运输	驾驶员违章驾驶。 吊装作业半径内有作业人员作业、停留、经过。	大模板场地未平整夯实。 模板材料不符合要求。	道路夜间照明不良。 场内道路损坏。 六级及以上大风、雷雨、大雾、大雪等恶劣气候。	各种模板存放不整齐、过高。 大模板存放无防倾倒措施。 吊装作业现场未配置司索工。
53				模板加工	使用平刨机时，操作人员手在料后推送。 操作人员不断电或摘掉皮带就换平刨机刀片。 进行圆盘锯作业时，作业人员站在与锯片同一直线上。	平刨机无安全防护措施。 平刨机刀片有损坏。 压刨机、圆盘锯使用双向倒顺开关。 操作压刨机时，操作人员戴手套送料接料。 圆盘锯锯片有损坏或无防护罩。	夜间施工，施工现场照明不良。 高（低）温环境作业。 施工现场噪声、粉尘污染。	圆盘锯锯超过锯片半径的木料。

续表

序号	分部工程	子分部工程	分项工程	施工工序	致险因素			
					人	物	环	管
54	主体结构	混凝土结构	模板工程	模板安拆	不适宜高处作业的人员进行高处作业。 人员站在正在拆除的模板上。 高处作业人员利用拉杆支撑攀登上下或在未固定的梁底模上行走。	支拆模板高处作业无防护或防护不严。 在模板上运混凝土无通道板。 交叉作业，无隔离防护措施。 拆模后，预留洞口未封闭。	六级及以上大风、雷雨、大雾、大雪等恶劣气候。 高（低）温环境作业。 施工现场噪声、粉尘污染。	模板施工无专项方案。 施工方案未履行审批（论证）手续。 模板荷载设定不正确。 模板支撑体系承载力计算错误。 模板支撑系统无验收。
55			钢筋工程	前期准备	钢筋在吊运中未降到离地面1米，作业人员就靠近。	钢筋质量不符合要求。	钢筋搬运场所附近有架空线路。 夜间作业，照明不足。 六级及以上大风、雷雨、大雾、大雪等恶劣气候。	未进行钢筋工程书面安全技术交底。 吊运钢筋规格长短不一。
56				钢筋制作	操作人员在结束作业时，未切断电源。 钢筋机械操作人员开机前未检查刀具状况和紧固状况。 操作人员使用切断机切短料时不用套管或夹具。 机械运转时，操作人员用手清除切刀附近的杂物。	钢筋机械无保护接零、无漏电保护器。 切割机无火星挡板。 张拉区内无夜间照明灯。	夜间作业，照明不足。 六级及以上大风、雷雨、大雾、大雪等恶劣气候。	钢筋机械无验收合格手续。 切割机附近堆放易燃物品。 弯曲机转盘和座孔内的杂物清理不及时。 冷拉场地未设置警戒区。

续表

序号	分部工程	子分部工程	分项工程	施工工序	致险因素			
					人	物	环	管
57	主体结构	混凝土结构	钢筋工程	钢筋绑扎	绑扎独立柱头时，操作人员站在钢箍上操作。 操作人员在钢筋骨架上行走。 抬运钢筋人员无协调配合。 操作人员未体检合格证明、有妨害作业的疾病和生理缺陷。	未拉盘钢筋的引头没有盘住。 用木料、钢管、钢模板穿在钢箍内做立人板。 电焊机无防触电装置或未安装防护罩。 电焊机未单独设置开关和漏电保护器，外壳未作接零保护。	六级及以上大风、雷雨、大雾、大雪等恶劣气候。 夜间施工照明不足。 焊接时产生弧光和烟尘。 高（低）温环境作业。	钢筋堆料过高或集中堆放在脚手架和模板上。 施工现场动火作业未严格执行动火审批制度。 氧气瓶、乙炔瓶（罐）工作间距不符合要求。
			混凝土工程	混凝土拌制	进料时，施工作业人员将头手伸入料斗和机架之间。 搅拌机运转时，操作人员用手或工具伸入筒内扒料。 料斗升起时，有人员在料斗下停留、经过。	搅拌机操作台无绝缘措施。 上料斗与地面之间无缓冲物。 机械转动机构无防护罩。	六级及以上大风、雷雨、大雾、大雪等恶劣气候。 夜间施工照明不足。 高（低）温环境作业。	有人进入筒内操作时，无专人监护。
58				混凝土输送	运料中，司机相互追逐超车。 操作人员站在溜槽上操作。 混凝土泵车未停放稳当，施工人员就进行作业。 输送泵未泄压，检修人员就进行检修。	车道板宽度过小。 车道板搭设不稳固。 混凝土溜槽未固定牢靠。 泵送管道和支架之间无缓冲物。	车道板上有沙石等杂物。 六级及以上大风、雷雨、大雾、大雪等恶劣气候。 夜间施工照明不足。 高（低）温环境作业。	输送泵使用前未经检查。 混凝土输送作业前未进行耐压实验。 作业前未对泵的整体做检查。

续表

序号	分部工程	子分部工程	分项工程	施工工序	致险因素			
					人	物	环	管
59	主体结构	混凝土结构	混凝土工程	混凝土施工	料斗在临边时，人员站在临边一侧。 高处无防护混凝土施工，施工人员未系安全带。 板墙独立梁柱混凝土施工，施工人员站在模板或支撑上。 插入式振动器操作人员没有正确穿戴绝缘防护用品。	临边洞口防护栏杆缺失。 2米以上小面积，混凝土施工无牢靠立足点。 插入式振动器无漏电保护器。 插入式振动器没有接地接零。 插入式振动器电缆线长度不足。 插入式振动器的软管断裂。 泵管接头密封不严。 砼出口处弯管弯曲过度。	六级及以上大风、雷雨、大雾、大雪等恶劣气候。 夜间施工照明不足。 高（低）温环境作业。	插入式振动器操作人员未培训上岗。 插入式振动器电缆线上堆放物料。 插入式振动器使用前未经检查。
60		砌体结构	填充墙砌体	墙体拉结钢筋	焊接人员未正确佩戴安全帽、防护服、绝缘鞋和绝缘手套触等安全防护用品。 作业人员酒后作业。	电渣压力焊一次侧防护未经过二级漏电保护触。 电焊机未单独设开关和漏电保护装置，外壳未做保护接零。 电焊机的焊钳和焊把线有破损。	夜间作业，照明不足。 高（低）温环境作业。 电焊机周围堆放易燃易爆品和其他杂物。	未对工人进行有针对性的技术、安全交底。 两次线泡在水中，并被物料压在下方。 焊割时未配备灭火设备。 未执行动火审批制度。
61				构造柱钢筋	抬运钢筋人员无协调配合。 操作人员违反操作规程施工。	钢筋存在断裂、锈蚀、表面污染、弯折等质量缺陷。	夜间作业，照明不足。 高（低）温环境作业。	未及时清理操作台上钢筋头。 未对工人进行有针对性的技术、安全交底。

续表

序号	分部工程	子分部工程	分项工程	施工工序	致险因素			
					人	物	环	管
62	主体结构	砌体结构	填充墙砌体	填充墙砌筑	人员未正确佩戴安全帽、防尘口罩等安全防护用品。 操作人员踩踏砌体上下。 砌块未就位放稳，搬运工就松开夹具。	施工中挂线用的坠砖，绑扎不牢固。 混凝土砌块抗压强度或压缩强度、密度等级不达标。	六级及以上大风、雷雨、大雾、大雪等恶劣气侯。 夜间施工照明不足。 高（低）温环境作业。	雨天未对刚砌好的砌体做防雨措施。 施工层进料口楼板下，未采取临时加撑措施临时的加撑措施不符合要求。 墙角转角处和纵横墙交接处未同时砌筑。
63	建筑装饰装修	建筑地面	基层铺设		作业人员未正确佩戴安全帽、防尘口罩等安全防护用品。 作业人员违反操作规程施工。 作业人员酒后作业。	电锯、电钻等设备电线老化、破损。	夜间施工照明不足。 高（低）温环境作业。	作业现场未配备灭火器材或配置不合理。
64		抹灰	一般抹灰装饰抹灰		抹灰过程中，施工人员未按规定佩戴安全帽、安全带、套袖、手套、风镜等劳动防护用品。 施工人员踩踏脚手架护身栏和阳台栏板进行抹灰作业。 施工人员在高处将废料、边角料随意抛掷。 人员站在人字扶梯上行走。	脚手架搭设在非承重物器上。 搭设的活动架子不牢固不平稳。 人字扶梯无连接绳索、下部无防滑措施。	夜间施工照明不足。 高（低）温环境作业。	施工前未对所有人员进行有针对性的安全交底。 未定期排查作业环境、设施、设备等。 贴面使用的预制件、大理石、瓷砖等堆放杂乱。

续表

序号	分部工程	子分部工程	分项工程	施工工序	致险因素			
					人	物	环	管
65	建筑装饰装修	外墙防水	外墙砂浆防水		施工人员高处作业未按规定佩戴安全帽、安全带等防护用品。 作业人员违反操作规程施工。 作业人员酒后作业。	防水材料不符合国家现行标准和设计要求。 搅拌机等设备防护罩未安装或失灵。 电动工具线缆破损。	夜间施工照明不足。 高（低）温环境作业。 六级及以上大风、雷雨、大雾、大雪等恶劣气候。	施工前未对所有人员进行有针对性的安全交底。 未编制专项施工方案，履行审批手续。 搅拌机等设备未定期进行检修。
66		门窗	金属门窗安装特种门安装		施工人员高处作业未按规定佩戴安全帽、安全带、防护镜等防护用品。 室外高空安装作业时将安全带挂在窗撑上。 作业人员酒后作业。	作业平台不符合要求。 电钻、冲击钻、切割机等设备电线老化、破皮。	六级及以上大风、雷雨、大雾、大雪等恶劣气候。 夜间施工照明不足。 高（低）温环境作业。	电钻、射钉枪、切割机等设备进场前未进行安全检验。 施工前未对所有人员进行有针对性的安全交底。 施工完成后，玻璃废料未及时清理。
67		幕墙	玻璃、金属幕墙安装		设备无人操作时施工人员未切断电源。 起重吊装人员不了解起重机械性能。 施工人员高处作业未按规定佩戴安全帽、安全带、防护镜等防护用品。	外挑平台堆料超高超重。 电动机具线缆老化、破损。 起吊的幕墙板块捆绑不牢。 边口锐利部分未用布纸等垫住。	六级及以上大风、雷雨、大雾、大雪等恶劣气候。 夜间施工照明不足。 高（低）温环境作业。	未编制专项施工方案，履行审批手续。 施工前未对所有人员进行有针对性的安全交底。 设施设备未经验收投入使用。

续表

序号	分部工程	子分部工程	分项工程	施工工序	致险因素			
					人	物	环	管
68	建筑装饰装修	涂饰	水性涂料涂饰		施工人员在作业场所使用明火。 调（刷）有害涂料时，施工人员未戴防毒口罩、护目镜等劳动防护用品。	喷枪、空气压缩机等机械设备故障。 水性涂料型号和性能不符合设计要求。	六级及以上大风、雷雨、大雾、大雪等恶劣气候。 夜间施工照明不足。 高（低）温环境作业。 油漆作业通风不畅。	脚手架未经验收使用，随意拆除及自搭跳板。 各类油漆与其他材料混合储存。 油漆、调合剂等物品露天放置。
69	屋面工程	基层与保护	找坡层和找平层		施工人员未戴防毒口罩、护目镜等劳动防护用品。 热沥青垂直吊运时下方有人停留、经过。 操作人员在建筑物和易燃材料30米内熬制沥青、烘烤材料。	涂料、溶剂等密封不严。 混凝土质量不符合要求。	六级及以上大风、雷雨、大雾、大雪等恶劣气候。 夜间施工照明不足。 高（低）温环境作业。	施工前未对所有人员进行有毒有害物质的安全交底。 防水涂料、沥青卷材等在运输、存储过程无防火措施与设施。 动火作业未执行动火审批制度。
70		保温与隔热	板状材料保温层		屋面作业工人未按规定配戴防毒口罩、护目镜等劳动防护用品。 作业人员违反操作规程施工。 作业人员酒后作业。	屋面檐口未搭设防护栏杆。 涂料、汽油、柴油、溶剂等密封不严。	六级及以上大风、雷雨、大雾、大雪等恶劣气候。 夜间施工照明不足。 高（低）温环境作业。 材料存放区、胶粘剂调制区等作业区域中挥发的有毒有害气体。	气瓶管理混乱，气瓶卧放、倒放、立放不平稳。 当液化气瓶气体不足时，未及时送至专门的换气站换气。 施工前未对所有人员进行有毒有害物质、高处作业等方面的安全技术交底。

续表

序号	分部工程	子分部工程	分项工程	施工工序	致险因素			
					人	物	环	管
71	屋面工程	防水与密封	卷材防水层		作业人员在高处随意抛掷工具物料。 施工人员背朝屋脊，并处在上风向。 高处作业人员穿皮鞋和带钉易滑鞋进行作业。	施工作业面未清理干净，有剩余砂浆。 屋面铺贴卷材时，四周未设置围栏等安全防护。 物料堆放不平稳、牢固。	施工现场通风不良。 六级及以上大风、雷雨、大雾、大雪等恶劣气候。 夜间施工照明不足。 高（低）温环境作业。	施工前未对所有人员进行有毒有害物质、高处作业等方面的安全技术交底。 存放原材料时未远离火源与热源，与其他设施和工作区安全距离不足。 消防器材配备不足。 屋面铺贴卷材无安全防护措施。
72	屋面工程	防水与密封	涂膜防水层		作业工人未按规定配戴防毒口罩、护目镜等劳动防护用品。 作业人员违反操作规程施工。 作业人员酒后作业。	物料堆放不平稳、牢固。 屋面涂膜时，四周未设置围栏等安全防护。 防水材料不合格。	施工现场通风不良。 六级及以上大风、雷雨、大雾、大雪等恶劣气候。 夜间施工照明不足。 高（低）温环境作业。 作业区域中挥发的有毒有害气体。	防水涂料未设置专人看管。 防水材料未分类存放，无防晒、防雨、防火、防爆措施。 无登高措施或登高措施不完善。 施工前未对所有人员进行有毒有害物质、高处作业等方面的安全技术交底。

附表二　风险辨识清单（设备设施）

序号	施工活动	作业活动	致险因素			
			人	物	环	管
1	施工准备阶段	临建房屋 现场围墙	施工人员随处吸烟。	地基未夯实。 砌体使用砂浆不合格。 屋顶质量不合格。 脚手板未满铺，有探头板。 临时建筑主要构配件防火等级不符合要求。 封闭围挡高度设置不符合要求。	施工现场通风不良。 六级及以上大风、雷雨、大雾、大雪等恶劣气候。 夜间施工照明不足。 高（低）温环境作业。	材料、构件堆码混乱。 未制定门卫值守管理制度，未配备门卫值守人员。 易燃易爆物品未分类存放或措施失效。 未履行动火审批手续，动火作业时未配备动火监护人员。 未按设计图纸搭设临时建筑。
2		现场办公 食堂住宿	炊事人员无健康证，个人卫生不好，有疾病。 员工在宿舍抽烟、使用酒精炉等明火做饭。 员工宿舍存在私拉乱接。	水源带有对人体有害物质。 宿舍内存放易燃易爆物品。 食堂炉火无烟囱，无通气孔。 食堂液化气漏气。 宿舍内电气开关损坏。 采购的食物不符合卫生标准。	室内灯具低于2.4米。	施工现场分区管理混乱，未隔离现场办公区、物料存放区、生活区。 宿舍、办公用房的防火等级未符合规范要求。 食堂卫生不达标，无防蝇、防鼠等措施。 办公区、宿舍、食堂等未配备足够数量的灭火器材。

续表

序号	施工活动	作业活动	致险因素			
			人	物	环	管
3	施工准备阶段	施工准备	脚手架方案编制人员、验算人员、审批人员的资格、能力达不到要求	脚手架质量不合格，木制脚手板表面存在孔洞、结疤等。 扣件表面存在裂纹变形、锈蚀等质量问题。 扣件的螺栓无垫片或垫片不合格。 钢制脚手板表面扭曲变形、锈蚀。 脚手架钢管外径，壁厚达不到规范要求，承载力达不到设计要求。	施工现场通风不良。 六级及以上大风、雷雨、大雾、大雪等恶劣气候。 夜间施工照明不足。 高（低）温环境作业。	脚手架与墙柱拉结点间距设计超过规范要求。 安全措施不全未及时验算和补充合格就开工。 脚手架施工无专项方案或未履行审批（论证）手续。 脚手架方案未进行计算，无验算结果。 脚手架支撑体系承载力计算错误。 脚手架搭设前地基未做验收。
4	施工准备阶段	材料储存运输	脚手架钢管及扣件起重吊装人员未正确掌握材料起吊技术要求	脚手架的木制脚手板表面存在孔洞、结疤等缺陷或木制脚手板厚度或宽度达不到规范要求。 扣件表面存在裂纹变形、锈蚀等质量问题；扣件的螺栓无垫片或垫片不合格。 扣件无出厂合格证，造成受力后扣件脆断。 钢制脚手板表面扭曲变形、锈蚀。 钢管材质不符合要求，存在变形、裂纹、压扁和锈蚀。 焊接钢管作为立杆。 脚手架钢管外径，壁厚达不到规范要求，承载力达不到设计要求。	六级及以上大风、雷雨、大雾、大雪等恶劣气候。 夜间施工照明不足。	脚手架钢管现场存放时，码放高度超过规定，或未码放整齐。 脚手架钢管及扣件运输及起吊过程中，无人看护。 未配备符合要求的脚手架。 未采用符合规定及质量合格的构件。 使用质量不达标的钢管作为立杆。 脚手架防护用安全网未采用国家指定监督检验部门鉴定许可生产的厂家产品，或无工厂检验合格证，材料达不到规范要求。

续表

序号	施工活动	作业活动	致险因素			
			人	物	环	管
5	脚手架工程	脚手架搭拆	脚手架搭拆作业人员无证上岗。 操作工人在脚手架上追逐打闹未阻止。 施工作业人员装拆扣件抛掷习以为常。 脚手架使用前，施工作业人员正确佩戴安全防护用品。 脚手架搭拆人员患有高血压、心脏病、恐高症等疾病	木制脚手板、卸料平台铺板厚度、宽度、表面质量使用前未检查，发现其厚度、宽度不合格，表面有孔洞、结疤、通长裂缝等缺陷仍承重受力。 脚手架7米以上拉结少于规定的要求或拉结设置不牢固位置不合理。 落地式脚手架基础未经夯实不平整。 悬挑脚手架U形拉环或锚固螺栓不符合要求。 脚手架上脚手板未满铺，有探头板。 各杆件扣件力矩不符合要求。 内脚手架搭设不设抛撑。	施工现场通风不良。 六级及以上大风、雷雨、大雾、大雪等恶劣气候。 夜间施工照明不足。 高（低）温环境作业。	施工作业前，未对作业人员进行相关安全培训和技术安全交底。 不按规定设置剪刀撑或剪刀撑设置欠缺、不连续。 分包作业队无相应资质证书或超过其资质范围搭拆脚手架。 分包登高作业人员、架子工未持有效安全上岗证作业。 人行斜道未设防滑条或防滑条材质和布置间距不合要求。 未对落地式脚手架基础设置排水措施。 架体外立面未按规范设剪刀撑。 脚手架内立杆与建筑物之间未设置防护措施。 脚手架未设上下通道。 脚手架钢管、扣件运输及起吊中未捆牢固，吊车回转半径内有其他人作业未清场、未设置安全警戒线，无专人监护。 脚手架上堆放物料超过规定载荷。 交叉作业时，上下层未采取可靠措施。
		卸料平台	脚手架使用前，施工作业人员正确佩戴安全防护用品。 施工作业人员患有高血压、心脏病、恐高症等疾病。		施工现场通风不良。 六级及以上大风、雷雨、大雾、大雪等恶劣气候。 夜间施工照明不足。 高（低）温环境作业。	抢工，卸料平台搭设完成后未验收合格就使用。 卸料平台无明显限重标识、限重标识不具体，堆放荷载超载。 卸料平台180毫米高挡脚板、护身栏杆损坏未及时更换。 卸料平台支撑系统未定期检查确认其安全程度、有缺陷未及时消除。 卸料平台支撑失效，卸料平台坍塌未及时组织抢救让坠落人员脱险，救出人员未及时送医院救治。

续表

序号	施工活动	作业活动		致险因素			
				人	物	环	管
6	脚手架工程	塔吊作业	塔吊安拆作业	塔吊司机未持证上岗，作业过程中速度过快、急停，错位等。 安装人员未系安全带、未穿胶底防滑鞋和工作服、未戴手套、酒后上班。 安装、拆除作业人员注意力不集中，麻痹大意。 拎紧螺栓或穿销子时时配合差，猛打猛敲，螺栓、销子滑脱。 紧固螺栓未使用力矩板手。 下支麻与塔身螺栓没有连接好的情况下回转吊臂、小车变幅、吊装作业。	预埋地脚螺栓不能满足要求。 塔吊支座基础地耐力不符合要求。 塔吊载重量不符合要求。 塔吊钢丝绳不符合要求。 开口销缺防滑脱。 组装、解体起重臂和平衡臂基础不符合要求。 平衡重配置和安装不符合要求。 配重块与平衡臂卡滞。 电器设备安装不当，短路、漏电。 加节顶升配平或不符合要求。 顶升过程中起重臂与引入（导轮）标准节方向不一致。 顶升过程中液压系统出现故障。 顶升超出独立自由高度。 顶升时踏步、横梁爬爪的外表的焊缝联结处有脱焊、裂缝。 附着框架顶块未顶紧，连接螺栓未紧固、松动。	风速超过6米/秒（四级）时安装、拆除、顶升，或作业过程中突遇大风，雨、雪、大雾等恶劣天气。 夜间作业照明不足。	安装、拆除、加节顶升作业前未对塔机各部件进行检查。 安装、拆除作业中缺少防暑降温措施。 安装、拆除作业中指挥、联络方式和信号不明。 吊重时吊点选择不当，夹角不符合要求。 工具随意乱放、任意抛掷。 安装、拆除起重臂、平衡臂未用棕绳将两端系好。 安装（拆除）起重臂前未（吊卸）吊装平衡重。 平衡臂安装后或起重臂拆除后单向受力时间过长。 附着杆与建筑物连接、制作预埋件使用焊机不当。 使用气瓶切割附着杆与建筑物连接不当。 安装附着框架和顶杆时未搭设作业平台。 安装、拆除拉杆，拆除脚手架杆件、防护。

续表

序号	施工活动	作业活动		致险因素			
				人	物	环	管
7	脚手架工程	塔吊作业	塔吊搬运装卸	安装人员未系安全带、未穿胶底防滑鞋和工作服、未戴手套、酒后上班。 安装、拆除作业人员注意力不集中，麻痹大意。	起吊钢丝绳强度不够、断股、断丝过多、扭曲变形严重、磨损过大。 卸扣扎头刚度强度不够、变形、滑丝。 起吊机具损坏。 物件绑扎不牢。	施工现场通风不良。 六级及以上大风、雷雨、大雾、大雪等恶劣气候。 夜间施工照明不足。 高（低）温环境作业。	作业前无交底资料或交底不到位。 塔吊驾驶室内未配置灭火器或灭火器过期失效。 项目部未按要求在塔吊塔身上悬挂标语。 未定期检查塔吊附墙装置是否松动未紧固。 两台以上塔吊作业，无防护碰撞安全技术措施，或防碰撞安全技术措施不可靠
8	垂直运输机械	附属装置	电气安全		无专用电箱。 专用箱电器配置不符合要求。 电缆线拖地、接头破损。 无避雷接地。		塔吊与架空线路小于安全距离又无防护措施。 电缆线未按规定固定牢靠。 避雷接地无测试点、不符合要求。
9		附属装置	限制器		力矩限制器缺少或不灵敏。 重量限制器缺少或不灵敏。 超高、变幅、回转限位器缺少或不灵敏		

续表

序号	施工活动	作业活动		致险因素			
				人	物	环	管
10	垂直运输机械	附属装置	保险装置		吊钩无保险装置或不符合要求。 吊钩滑轮无防绳滑脱装置。 卷扬机滚筒无保险装置。 上人爬梯无防圈或护圈不符合要求。 上塔人行通道无防护栏或不符合要求。		
11			附墙装置		附墙装置安装不符合要求。 附着点承载能力不足。 附墙杆件超过说明书规定长度无设计计算书。		塔吊高度超过规定未安装附墙。 附着撑杆堆放重物。
12		物料提升机安拆及作业		安装人员未系安全带、未穿胶底防滑鞋和工作服、穿带钉鞋、穿绸衣服、酒后上班。 安装、拆除作业人员注意力不集中，麻痹大意。 进入库区车辆未熄火。	架体基础不符合要求。 架体与吊篮间隙超过规定要求。 架体垂直念头超过规定要求。 架体外侧无立网防护或防护不严。 扒杆安装不符合要求或无保险绳。 井架开口处未加固。 卷扬机地锚不牢。 卷扬机钢丝绳缠绕不整齐。 第一导向滑轮距离小于15倍卷筒宽度。 滑轮边缘破损或与支架体柔性连接。 卷筒上无防止钢丝绳托保险装置。 滑轮与钢丝绳不匹配。 无联络信号或信号不明。 卷扬机无操作棚或操作棚不符合要求。 无防雷保护或避雷装置不符合要求。	六级及以上大风、大雾、大雪、雷雨等恶劣气候作业。 夜间施工照明不足。 高（低）温环境作业。	安装完工后无验收。 消防设施未设置。 无排水设施。 无禁火标识。

续表

序号	施工活动	作业活动	致险因素			
			人	物	环	管
13	垂直运输机械	施工电梯安拆及作业	安装人员未系安全带，穿防滑鞋、紧身衣。 操作人员未持证上岗，违章操作。 违章乘坐施工电梯上下。 提升使用单根钢丝绳。	基础不符合要求。 附墙装置不符合要求，附墙距离超过9米。 漏电保护器未设或失灵。 接地接零不符合要求。 架空线路防护不符合要求。 出料口无层间门，层间门设置不安全、不规范。 出料平台板未满铺、未铺稳、无防护栏。 进料口无防护棚。 各种限位装置不全、不可靠。 钢丝绳磨损、断丝超标。 无安全门。 安全门未形成型化。 架体制作不符合设计及规范要求。 连墙杆的连接不牢固。 连墙杆的材质不符合要求。	施工现场通风不良。 六级及以上大风、雷雨、大雾、大雪等恶劣气候。 夜间施工照明不足。 高（低）温环境作业。	未编制安拆施工方案，履行审批手续。 垂直度偏差超标。 新机防坠器超2年未检定，旧机防坠器超1年未检定。 重量超荷载力。
14	施工机具	钢筋调直机	操作人员未持证上岗。 操作人员对操作规程理解与熟悉不够。	传动机构无防护罩或防护罩破损。 机座安装不牢固。 传动齿轮断齿、缺齿、裂纹。 电机超温运载。	施工现场通风不良。 夜间施工照明不足。 高（低）温环境作业。 机械震动、噪声。	

续表

序号	施工活动	作业活动	致险因素			
			人	物	环	管
15	施工机具	钢筋切断机	长料加工时无人员帮扶。 操作人员两手分在刀片两边握住钢筋伏身送料。 剪切超过铭牌规定直径的料。 切短料时不用套管或夹具。 机械运转中用手清除切刀附近的杂物；开机前未检查刀具状况和紧固状况；机器未达到正常转速就送料。		施工现场通风不良。 雷雨、大雾、大雪等恶劣气候。 夜间施工照明不足。 高（低）温环境作业。 机械震动、噪声。	
16		钢筋弯曲机	开机前未检查轴、防护设施等。 作业时调整速度更换轴芯。 加工超过铭牌规定直径的钢筋。 作业半径内和机身不设固定销的一侧站人。 在机械运转中加油和清理。	工作台和弯曲台不在同一平面上。	施工现场通风不良。 夜间施工照明不足。 高（低）温环境作业。 机械震动、噪声。	成品堆放时弯钩朝上。 转盘和座孔内的杂物清理不及时。
17		冷拉机	操作人员在离钢筋 2 米范围内作业。 作业前未检查夹具、滑轮、地锚等。 卷扬机操作人员未看到指挥人员发信号就开机。 作业区间有人员 作业后不放松钢丝绳。		施工现场通风不良。 夜间施工照明不足。 高（低）温环境作业。 机械震动、噪声。	冷拉场地未设置警戒区。 冷拉场地未设置警戒区。 张拉区内未装设夜间照明灯。

续表

序号	施工活动	作业活动	致险因素			
			人	物	环	管
18	施工机具	混凝土搅拌机	操作人员未持证上岗。 操作人员对操作规程理解与熟悉不够。	机座安装不牢固。 传动机构无防护罩或防护罩破损。 离合器、制动器不灵敏。 电机运转超温。 张挂钢丝绳不符合要求。	施工现场通风不良。 六级及以上大风、雷雨、大雾、大雪等恶劣气候。 夜间施工照明不足。 高（低）温环境作业。 机械震动、噪声。	
19		砂浆搅拌机	操作人员未持证上岗。 操作人员对操作规程理解与熟悉不够。	机座安装不牢固。 传动机构无防护罩或防护罩破损。 离合器、制动器不灵敏。 电机运转超温。	施工现场通风不良。 夜间施工照明不足。 高（低）温环境作业。 机械震动、噪声。	
20		混凝土输送泵	操作人员未持证上岗。 操作人员对操作规程理解与熟悉不够。	输送泵管绑在脚手架或排架。 输送泵管漏浆或喷浆。 机座安装不牢固。 液压泵运转不正常、油管堵塞。 电机运转超温。 支腿不变形或基础不牢靠。	施工现场通风不良。 夜间施工照明不足。 高（低）温环境作业。 机械震动、噪声。	
21		机动翻斗车	操作人员未持证上岗。 司机违章操作。 操作人员对操作规程理解与熟悉不够。	液压部分运转不正常。 发动机启动、加速、制动性能不好。 翻斗变形、破损、锈蚀、动作灵敏。	施工现场通风不良。 夜间施工照明不足。 高（低）温环境作业。 机械震动、噪声。	

续表

序号	施工活动	作业活动	致险因素			
			人	物	环	管
22	施工机具	交流电焊机	操作人员未使用面罩、绝缘手套。 操作人员对操作规程理解与熟悉不够。	接线柱表面粗糙、不平整。 使用时无两次空载降压保护器。 焊把线接头过多或破损严重 无防雨盖板。 焊机接地不符合要求。	施工现场通风不良。 夜间施工照明不足。 高（低）温环境作业。 机械震动、噪声。	
23		直流电焊机	操作人员未使用面罩、绝缘手套。 操作人员对操作规程理解与熟悉不够。	接线柱表面粗糙、不平整。 变阻器超温。 未使用漏电保护器。 接地电阻不符合要求。 无防雨盖板。	施工现场通风不良。 夜间施工照明不足。 高（低）温环境作业。 机械震动、噪声。	
24		钢筋对焊机	操作人员对操作规程理解与熟悉不够。	接线柱表面粗糙、不平整。 水路不畅通或水量不足、接头有漏水。 焊机接地不符合要求。 焊机露天无放雨棚。	施工现场通风不良。 夜间施工照明不足。 高（低）温环境作业。 机械震动、噪声。	无合理的防护。
25		手持电动工具	工人操作未使用安全防护。 操作人员对操作规程理解与熟悉不够。	使用电动工具不按规定穿戴绝缘用品。 未使用末端箱。	施工现场通风不良。 六级及以上大风、雷雨、大雾、大雪等恶劣气候。 夜间施工照明不足。 高（低）温环境作业。 机械震动、噪声。	

续表

序号	施工活动	作业活动	致险因素			
			人	物	环	管
26	施工机具	工程挖掘机	吃土过深提斗过猛。 挖掘机作业时场地坡度太大。 挖掘作业时离所挖沟槽距离太近。 挖掘机装卸作业挖斗下面有人。 机械运行时进行维修。 施工人员无证上岗。		施工现场通风不良。 夜间施工照明不足。 高（低）温环境作业。 机械震动、噪声。	挖掘机作业时场地坡度太大。 挖掘作业时离所挖沟槽距离太近。

附录三　一级指标判断矩阵特征向量、一致性检验MATLAB编程语言

```
function [w,lam,CR] = ccfx(A)
%A为成对比较矩阵，返回值w为近似特征向量
%    lam为近似最大特征值λmax，CR为一致性比率
n=length(A(:,1));
a=sum(A);
B=A;  %用B代替A做计算
for j=1:n  %将A的列向量归一化
B(:,j)=B(:,j)./a(j);
end
s=B(:,1);
for j=2:n
s=s+B(:,j);
end
c=sum(s);%计算近似最大特征值λmax
w=s./c;
d=A*w;
lam=1/n*sum((d./w));
CI=(lam-n)/(n-1);%一致性指标
RI=[0,0,0.58,0.90,1.12,1.24,1.32,1.41,1.45];%RI为随机一致性指标
CR=CI/RI(n);%求一致性比率
if CR > 0.1
disp('没有通过一致性检验');
else disp('通过一致性检验');
end
end
```

附录四　灰类评估权重矩阵MATLAB编程语言

```
function y3 = f3( x )
%白化函数，中类
if x > = 0 && x < 5
y3 = x / 5;
elseif x > = 5 && x < = 10
y3 = -x / 5 + 2;
else
y3 = 0;
end
function y4 = f4( x )
%白化函数，中下类
if x > = 0 && x < 3
y4 = x / 3;
elseif x > = 3 && x < = 6
y4 = -x / 3 + 2;
else
y4 = 0;
end
function y5 = f5( x )
%白化函数，中类
if x > = 0 && x < 1
y5 = 1;
elseif x > = 1 && x < = 2
y5 = -x + 2;
else
y5 = 0;
end
function [W,v] = hdfx( X, U)
%灰度分析
```

```
[row, col] = size(U);
for j = 1 :col
n11 = 0; n12 = 0; n13 = 0; n14 = 0; n15 = 0;
for i = 1 :row
n11 = n11 + f1(U(i,j));
n12 = n12 + f2(U(i,j));
n13 = n13 + f3(U(i,j));
n14 = n14 + f4(U(i,j));
n15 = n15 + f5(U(i,j));
end
n(j) = n11 + n12 + n13 + n14 + n15;
v(j,1)=n11 / n(j);
v(j,2)=n12 / n(j);
v(j,3)=n13 / n(j);
v(j,4)=n14 / n(j);
v(j,5)=n15 / n(j);
end
W = X * v;
```

附表五　风险评估清单

序号	风险评估对象		权重系数取值	风险影响因素取值	风险发生可能性		风险损失等级	风险等级	评价方法
					取值P	风险可能性等级			
1	长螺旋压灌桩施工	人	0.5482	5	6.443	Ⅱ	Ⅲ	Ⅱ	FIR分析法 风险矩阵法
		物	0.2697	9					
		环	0.0512	7					
		管	0.1309	7					
2	承台	人	0.5562	5	5.8876	Ⅲ	Ⅲ	Ⅲ	FIR分析法 风险矩阵法
		物	0.2105	7					
		环	0.0830	7					
		管	0.1503	7					
3	钻孔灌注围护桩施工	人	0.2563	9	7.5126	Ⅱ	Ⅳ	Ⅲ	FIR分析法 风险矩阵法
		物	0.5255	7					
		环	0.0592	7					
		管	0.1590	7					
4	搅拌桩止水帷幕施工	人	0.1013	7	5.6982	Ⅲ	Ⅲ	Ⅲ	FIR分析法 风险矩阵法
		物	0.2478	7					
		环	0.0524	5					
		管	0.5985	5					
5	预应力锚索支护	人	0.1201	7	7.6762	Ⅱ	Ⅳ	Ⅲ	FIR分析法 风险矩阵法
		物	0.5810	9					
		环	0.0560	7					
		管	0.2429	5					
6	冠梁施工	人	0.4948	5	5.5099	Ⅲ	Ⅲ	Ⅲ	FIR分析法 风险矩阵法
		物	0.2552	7					
		环	0.0635	5					
		管	0.1864	5					

续表

<table>
<tr><th rowspan="2">序号</th><th rowspan="2" colspan="2">风险评估对象</th><th rowspan="2">权重系数取值</th><th rowspan="2">风险影响因素取值</th><th colspan="2">风险发生可能性</th><th rowspan="2">风险损失等级</th><th rowspan="2">风险等级</th><th rowspan="2">评价方法</th></tr>
<tr><th>取值P</th><th>风险可能性等级</th></tr>
<tr><td rowspan="4">7</td><td rowspan="4">土钉墙施工</td><td>人</td><td>0.4948</td><td>7</td><td rowspan="4">6.627</td><td rowspan="4">Ⅱ</td><td rowspan="4">Ⅲ</td><td rowspan="4">Ⅱ</td><td rowspan="4">FIR分析法
风险矩阵法</td></tr>
<tr><td>物</td><td>0.2552</td><td>7</td></tr>
<tr><td>环</td><td>0.0635</td><td>7</td></tr>
<tr><td>管</td><td>0.1865</td><td>5</td></tr>
<tr><td rowspan="4">8</td><td rowspan="4">基坑排水降水</td><td>人</td><td>0.1264</td><td>5</td><td rowspan="4">5</td><td rowspan="4">Ⅲ</td><td rowspan="4">Ⅱ</td><td rowspan="4">Ⅱ</td><td rowspan="4">FIR分析法
风险矩阵法</td></tr>
<tr><td>物</td><td>0.4896</td><td>5</td></tr>
<tr><td>环</td><td>0.0786</td><td>5</td></tr>
<tr><td>管</td><td>0.3054</td><td>5</td></tr>
<tr><td rowspan="4">9</td><td rowspan="4">边坡施工</td><td>人</td><td>0.1032</td><td>7</td><td rowspan="4">5.7402</td><td rowspan="4">Ⅲ</td><td rowspan="4">Ⅳ</td><td rowspan="4">Ⅲ</td><td rowspan="4">FIR分析法
风险矩阵法</td></tr>
<tr><td>物</td><td>0.5742</td><td>5</td></tr>
<tr><td>环</td><td>0.0557</td><td>5</td></tr>
<tr><td>管</td><td>0.2669</td><td>7</td></tr>
<tr><td rowspan="4">10</td><td rowspan="4">基坑开挖</td><td>人</td><td>0.0577</td><td>7</td><td rowspan="4">8.2858</td><td rowspan="4">Ⅰ</td><td rowspan="4">Ⅱ</td><td rowspan="4">Ⅰ</td><td rowspan="4">FIR分析法
风险矩阵法</td></tr>
<tr><td>物</td><td>0.2994</td><td>7</td></tr>
<tr><td>环</td><td>0.1003</td><td>9</td></tr>
<tr><td>管</td><td>0.5426</td><td>9</td></tr>
<tr><td rowspan="4">11</td><td rowspan="4">土方运输与堆放</td><td>人</td><td>0.0611</td><td>5</td><td rowspan="4">4.9995</td><td rowspan="4">Ⅲ</td><td rowspan="4">Ⅳ</td><td rowspan="4">Ⅲ</td><td rowspan="4">FIR分析法
风险矩阵法</td></tr>
<tr><td>物</td><td>0.3029</td><td>5</td></tr>
<tr><td>环</td><td>0.1032</td><td>5</td></tr>
<tr><td>管</td><td>0.5328</td><td>5</td></tr>
<tr><td rowspan="4">12</td><td rowspan="4">土方回填</td><td>人</td><td>0.1176</td><td>5</td><td rowspan="4">5</td><td rowspan="4">Ⅲ</td><td rowspan="4">Ⅳ</td><td rowspan="4">Ⅲ</td><td rowspan="4">FIR分析法
风险矩阵法</td></tr>
<tr><td>物</td><td>0.5069</td><td>5</td></tr>
<tr><td>环</td><td>0.0777</td><td>5</td></tr>
<tr><td>管</td><td>0.2978</td><td>5</td></tr>
</table>

续表

序号	风险评估对象		权重系数取值	风险影响因素取值	风险发生可能性		风险损失等级	风险等级	评价方法
					取值P	风险可能性等级			
13	地下防水施工	人	0.2537	5	4.8288	Ⅲ	Ⅳ	Ⅲ	FIR分析法 风险矩阵法
		物	0.2009	5					
		环	0.0856	3					
		管	0.4598	5					
14	模板工程	人	0.2478	9	7.379	Ⅱ	Ⅰ	Ⅰ	FIR分析法 风险矩阵法
		物	0.1438	7					
		环	0.0583	5					
		管	0.5501	7					
15	钢筋工程	人	0.5624	9	6.8856	Ⅱ	Ⅱ	Ⅱ	FIR分析法 风险矩阵法
		物	0.1939	7					
		环	0.0572	5					
		管	0.1865	7					
16	混凝土工程	人	0.5764	7	6.8979	Ⅱ	Ⅲ	Ⅱ	FIR分析法 风险矩阵法
		物	0.1172	7					
		环	0.0507	5					
		管	0.2556	7					
17	填充墙砌体	人	0.1341	7	5.2687	Ⅲ	Ⅳ	Ⅲ	FIR分析法 风险矩阵法
		物	0.5527	5					
		环	0.0538	5					
		管	0.2595	5					
18	基层铺设	人	0.2959	5	3.8611	Ⅳ	Ⅳ	Ⅳ	FIR分析法 风险矩阵法
		物	0.1348	5					
		环	0.0737	3					
		管	0.4955	3					
19	一般抹灰							Ⅳ	定性

续表

序号	风险评估对象		权重系数取值	风险影响因素取值	风险发生可能性		风险损失等级	风险等级	评价方法
					取值P	风险可能性等级			
20	装饰抹灰							Ⅳ	定性
21	外墙砂浆防水	人	0.5628	5	5.944	Ⅲ	Ⅲ	Ⅲ	FIR分析法风险矩阵法
		物	0.0622	3					
		环	0.2671	9					
		管	0.1079	5					
22	金属门窗安装							Ⅳ	定性
23	特种门安装							Ⅳ	定性
24	玻璃、金属幕墙安装	人	0.6233	5	5	Ⅲ	Ⅴ	Ⅳ	FIR分析法风险矩阵法
		物	0.0998	5					
		环	0.2140	5					
		管	0.0629	5					
25	水性涂料涂饰施工							Ⅳ	定性
26	找坡层和找平层施工	人	0.3284	5	4.8508	Ⅲ	Ⅳ	Ⅲ	FIR分析法风险矩阵法
		物	0.1364	5					
		环	0.0746	3					
		管	0.4606	5					
27	保温与隔热施工	人	0.2993	5	5	Ⅲ	Ⅴ	Ⅳ	FIR分析法风险矩阵法
		物	0.1983	5					
		环	0.0809	5					
		管	0.4215	5					

续表

序号	风险评估对象		权重系数取值	风险影响因素取值	风险发生可能性		风险损失等级	风险等级	评价方法
					取值P	风险可能性等级			
28	屋面防水与密封施工							Ⅳ	定性
29	临建房屋施工	人	0.2971	5	5.9253	Ⅲ	Ⅳ	Ⅲ	FIR分析法风险矩阵法
		物	0.1244	5					
		环	0.0581	3					
		管	0.5205	7					
30	现场围挡施工	人	0.2633	5	4.8862	Ⅲ	Ⅳ	Ⅲ	FIR分析法风险矩阵法
		物	0.1219	5					
		环	0.0569	3					
		管	0.5579	5					
31	脚手架工程	人	0.5681	9	8.3878	Ⅰ	Ⅰ	Ⅰ	FIR分析法风险矩阵法
		物	0.2410	9					
		环	0.0576	3					
		管	0.1333	7					
32	塔吊安拆及作业	人	0.2711	9	7.7604	Ⅱ	Ⅰ	Ⅰ	FIR分析法风险矩阵法
		物	0.2020	9					
		环	0.0929	5					
		管	0.4340	7					
33	物料提升机安拆及作业	人	0.1264	7	7.6108	Ⅱ	Ⅳ	Ⅲ	FIR分析法风险矩阵法
		物	0.4896	7					
		环	0.0786	7					
		管	0.3054	9					

续表

序号	风险评估对象		权重系数取值	风险影响因素取值	风险发生可能性		风险损失等级	风险等级	评价方法
					取值P	风险可能性等级			
34	施工电梯安拆及作业	人	0.5624	9	7.2496	Ⅱ	Ⅲ	Ⅱ	FIR分析法 风险矩阵法
		物	0.1939	5					
		环	0.0572	5					
		管	0.1865	5					
35	临时用电	人	0.2633	7	6.6424	Ⅱ	Ⅲ	Ⅱ	FIR分析法 风险矩阵法
		物	0.1219	5					
		环	0.0569	5					
		管	0.5579	7					
36	施工机具	人	0.5043	7	6.0086	Ⅱ	Ⅳ	Ⅲ	FIR分析法 风险矩阵法
		物	0.2514	5					
		环	0.0604	5					
		管	0.1839	5					
37	食堂食物卫生							Ⅳ	定性

参考文献

［1］ 李术军. 论高层建筑的发展模式及演化历程［J］. 中小企业管理与科技(上旬刊), 2008(7): 141.

［2］ 张金. 建筑高度发展史略［J］. 建造师, 2008(11): 40-46.

［3］ CTBUH高层建筑与都市人居. 2018全球高层建筑年度统计［R/OL］.(2018-12-28)［2020-4-20］. https://mp.weixin.qq.com/s?__biz=MzAxMzcwMDAyOQ==&mid=2650914085&idx=1&sn=e7037beb4fc8719ab034beed2284496f.

［4］ 余咏梅. 我国高层钢构建筑发展步入快车道［J］. 重庆建筑, 2007(6): 28.

［5］ 胡玉银. 超高层建筑的起源、发展与未来(一)［J］. 建筑施工, 2006(11): 938-941.

［6］ 溜溜达达逛世界. 大国象征：2018年中国新建的摩天大楼，比全球的一半还多［EB/OL］. (2018-12-13)［2019-5-08］. http://sa.sogou.com/sgsearch/sgs_tc_news.php?tencentdocid=20181213A08WSZ00&req=W0ZcyCzfrCO97rGBo2IrCE9hnUHqrxdlDLY1T6h5w3s=&user_type=1.

［7］ 杨晓娜. 现代企业财务风险管理的研究［J］. 商情, 2012(49): 95.

［8］ 解强. 某房地产项目风险管理研究［D］. 青岛：中国海洋大学, 2013.

［9］ 解涛. 地铁建设项目施工安全风险综合评价方法与案例研究［D］. 北京：华北电力大学, 2011.

［10］ 刘文莉. 高层房屋建筑工程施工安全风险管理研究［D］. 兰州：兰州交通大学, 2013.

［11］ CHAPMAN. Risk Analysis for Large Project: Model, Method and Cases［M］. NY: John Wiley&Sons. 1987.

［12］ 黄子春. 工程监理项目风险管理的研究［D］. 西安：西安建筑科技大学, 2004.

［13］ 何丽环. EPC模式下承包商工程风险评价研究［D］. 天津：天津大学, 2008.

［14］ 吴永杰. 电力工程项目投资风险管理研究［D］. 广州：华南理工大学, 2009.

［15］ 刘光凤. 基于灰色模糊语言信息的工程项目风险分析方法研究［D］. 重庆：重庆交通大学, 2017.

[16] 金德民. 工程项目全寿命期风险管理系统理论及集成研究[D]. 天津：天津大学,2004.
[17] 郭仲伟. 风险分析与决策[M]. 北京：机械工业出版社, 1987.
[18] 刘铮,孙俊,邵剑龙.基于虚拟现实技术的施工安全危险源辨识库研究[J]. 施工技术,2004(12):51-53.
[19] 周红波,高文杰,蔡来炳,等.基于WBS-RBS的地铁基坑故障树风险识别与分析[J].岩土力学,2009,30(9):2703-2707+2726.
[20] 丁科,胡昊,高振锋.塔式起重机事故安全风险因素辨别与分析[J].施工技术,2010,39(11):110-112.
[21] 胡静静. 建筑工程安全风险管理与评价[D].淮南：安徽理工大学,2012.
[22] 赵冬伟. 建筑工程施工安全风险管理研究[D]. 扬州：扬州大学,2016.
[23] 恒全. 基于系统动力学的建筑工程项目安全风险管理的研究[D]. 成都：西华大学,2018.
[24] 王双慧. 基于模糊评价法的建筑施工安全风险评价及其应对[D]. 天津：天津大学,2016.
[25] 中华人民共和国住房和城乡建设部. 安全事故情况通报[DB/OL]. http://www.mohurd.gov.cn/zlaq/index.html.
[26] 刘俊颖. 工程管理研究前沿与趋势[M]. 北京：中国城市出版社, 2014.
[27] WANG G , SONG J . The relation of perceed benefits and organizational supports to user satisfaction with building information model (BIM)[J]. Computers in Human Behavior, 2017, 68(MAR.):493-500.
[28] 何关培.BIM和BIM相关软件[J].土木建筑工程信息技术,2010(4):114-121.
[29] 俞少寅. BIM技术在当代建筑设计及工程运用的思考[D]. 杭州：浙江农村大学，2017.
[30] 邵光华.BIM技术在建筑设计中的应用研究[D].青岛：青岛理工大学,2014.
[31] 王晓维. 浅析BIM在建筑全生命周期中的应用[J]. 四川建材, 2015, 41(6): 268-269.
[32] 马智亮. 追根溯源看BIM技术的应用价值和发展趋势[J]. 施工技术, 2015, 44(6):1-3.